碳载体纳米材料
及其在电化学领域的应用

苑亦男　魏　冰　王　洋◇著

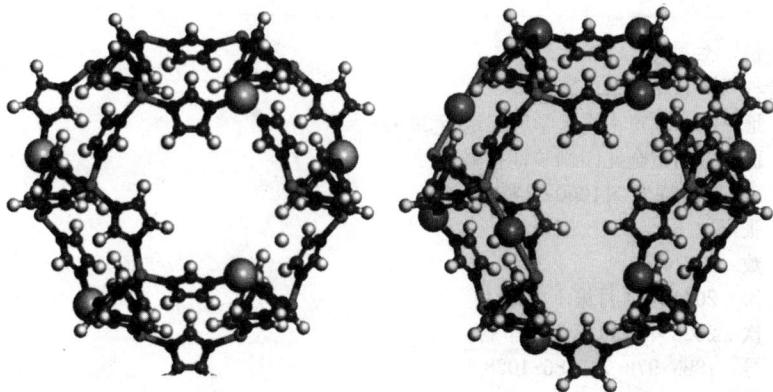

黑龙江大学出版社
HEILONGJIANG UNIVERSITY PRESS
哈尔滨

图书在版编目（CIP）数据

碳载体纳米材料及其在电化学领域的应用 / 苑亦男，魏冰，王洋著. -- 哈尔滨：黑龙江大学出版社，2024.4（2025.3 重印）
ISBN 978-7-5686-1028-5

Ⅰ．①碳… Ⅱ．①苑… ②魏… ③王… Ⅲ．①碳－纳米材料－电化学－研究 Ⅳ．① TB383

中国国家版本馆 CIP 数据核字（2023）第 170182 号

碳载体纳米材料及其在电化学领域的应用
TANZAITI NAMI CAILIAO JI QI ZAI DIANHUAXUE LINGYU DE YINGYONG
苑亦男　魏　冰　王　洋　著

责任编辑　李　卉
出版发行　黑龙江大学出版社
地　　址　哈尔滨市南岗区学府三道街 36 号
印　　刷　三河市金兆印刷装订有限公司
开　　本　720 毫米 ×1000 毫米　1/16
印　　张　12.5
字　　数　212 千
版　　次　2024 年 4 月第 1 版
印　　次　2025 年 3 月第 2 次印刷
书　　号　ISBN 978-7-5686-1028-5
定　　价　49.80 元

本书如有印装错误请与本社联系更换，联系电话：0451-86608666。

前　言

近年来,伴随着社会经济的高速发展,人类对能源的需求日益增大。由于石油、煤炭等化石能源遭到过度开采,人类正面临着前所未有的能源危机。众所周知,石油、煤炭、天然气等不可再生能源在使用过程中会释放大量的有害气体(NO、SO_2)以及温室气体(CO_2)。不完全燃烧的烟尘颗粒分散于空气中影响了我们的生存环境,降低了我们的生活质量。因此,努力开发可持续发展的新能源以及先进的储能技术成为各国面临的重要课题。

电化学能量转换技术(如超级电容器、燃料电池、电解水制氢、二氧化碳电催化还原)具有理论能量转换效率高、清洁等优点,可以为能源与环境问题的解决以及社会可持续发展的实现提供有效途径。为了进一步提高电化学能量转换效率,获得更高的电化学储能或电化学催化效率,制备具有优异电化学性能的电极材料成为关键。

近年来,随着新型纳米碳材料(石墨烯、碳纳米管、多孔碳等)的研究取得巨大进展,其展现出了优异的电化学性能以及较大的商业化潜力。纳米碳材料作为一种新型碳材料具有独特的形貌结构、大比表面积、短扩散距离、高电导率和离子导电性能,可进行可控的合成和掺杂。因此,纳米碳材料在制备高性能电化学储能材料及电化学催化材料中具有较大的应用前景。

笔者从事新型纳米碳材料载体研究工作多年,以纳米碳材料为载体,通过与各种纳米材料复合制备出一系列具有优异电化学性能的电极材料,并对其结构与性能之间的构效关系进行了深入讨论。本书是在相关研究项目的基础上,经过不断丰富完善后形成的。

本书第 1 章以及第 3~5 章以金属酞菁(MePc)分子为前驱体,分别通过沸石咪唑框架(ZIF)限域热解法制备了单原子电催化剂以及通过与碳纳米管复合构筑了模型单原子电催化剂。这些电催化剂被应用于氧气还原反应（ORR）及二氧化碳还原反应（CO_2RR）中，通过分子工程调控策略优化其催化性能。进一步结合微观结构表征、电化学研究以及理论计算等方法系统地研究了电催化剂结构与性能间的关系。

本书第 2 章以及第 6~8 章主要介绍了基于三维多孔石墨烯碳载体制备高性能超级电容器电极材料。此部分研究了燃烧合成过程中碳源种类以及自组装过程中还原剂用量对石墨烯微观形貌及结构的影响，并对其形成机理进行了讨论。笔者提出了制备二氧化锰／三维石墨烯复合电极材料的反相微乳液法，显著提升了二氧化锰／三维石墨烯电极材料的电化学性能。

本书第 9 章和第 10 章主要介绍了石墨烯／氢氧化镍复合电极材料的电化学性能。通过将氢氧化镍与具有更优异的导电性能和电化学性能的石墨烯材料复合，充分发挥各组分的优点，提高了复合材料电极的比电容、倍率性能和循环稳定性。

本书第 1 章和 3~5 章由王洋负责，共 6.3 万字；第 2 章和第 6~8 章以及部分辅文内容由魏冰负责，共 7.4 万字；第 9 章和第 10 章以及部分辅文内容由苑亦男负责，共 7.5 万字。本书写作过程中获得了前辈及友人的帮助，在此表示由衷的感谢！同时，本书得到 2022 年黑龙江省省属高等学校基本科研业务费科研项目"石墨烯／镍／氢氧化镍新型集流体一体化电极的原位构筑与性能调控机制"（2022-KYYWF-0541）和黑龙江科技大学引进高层次人才科研启动基金项目"NiCo 双氢氧化物电极材料的阴离子缺陷改性及电化学性能研究"（HKD202110）的资助，在此表示感谢。

苑亦男

（黑龙江科技大学环境与化工学院）

魏冰

（黑龙江科技大学材料科学与工程学院）

王洋

（广东美的制冷设备有限公司）

目　录

第1章　电催化剂概述

1.1　非贵金属催化剂简介

随着世界人口的快速增长以及工业化进程的高速发展,社会对于能源的需求量在日益增长。目前所使用的能源大部分是传统的化石燃料(包括煤炭、石油、天然气)。化石燃料不可再生且储量有限,在使用的过程中会释放出大量的有害气体及温室气体。因此,建立人类社会可持续发展所需的新能源体系,是当今世界面临的严峻问题的解决方法之一。

电化学能量转换技术具有理论能量转换效率高、清洁等优点,可以为能源与环境问题的解决以及社会可持续发展的实现提供有效的途径。电催化剂是制约电化学能量转换效率以及经济性的关键因素。目前,贵金属催化剂在多个电催化能量转换体系中表现出较好的催化性能,但是价格及储量等因素制约了其在电催化体系中的大规模应用。非贵金属催化剂在催化活性和稳定性上仍不如贵金属催化剂,其催化性能有待进一步提高。因此,研究发展具有高催化性能的非贵金属电催化剂在技术领域具有重要的意义。

在非贵金属电催化剂中,具有金属-氮/碳(M-N/C)结构的单原子电催化剂因具有原子利用率高、催化性能好、成本低等特点,逐渐成为电催化领域的研究热点。这类单原子电催化剂通常由金属盐与含碳、氮前驱体经高温处理制备而成,在该过程中金属原子容易聚集,从而导致单原子位点含量过低。高温条件容易导致催化活性中心结构及周围化学环境复杂多样,这为进一步提高电催化性能带来了障碍。

1.2 电化学能量转换技术及机理

1.2.1 电化学能量转换技术

电化学能量转换作为直接的界面反应,被认为是一种等温能量转换过程,不受卡诺循环限制,因而具有较高的理论能量转换效率。同时,该过程反应条件温和,对环境影响小,是一类环境友好的能量转换过程。电化学能量转换技术要求反应物具备廉价、易得等特点。下面介绍一下非贵金属单原子电催化剂在氧化还原反应(ORR)及二氧化碳还原反应(CO_2RR)中的应用。

1.2.2 氧化还原反应

ORR 在新能源领域有着重要的应用,譬如燃料电池及金属-空气电池的电极反应。然而,一般 ORR 动力学过程缓慢,涉及多个电子转移。因此,ORR 过程往往是燃料电池及金属-空气电池的能量转换效率的限制步骤。为了提高燃料电池及金属-空气电池的能量转换效率,通常需要增加贵金属电催化剂的负载量,特别是在酸性体系中,但贵金属电催化剂的价格及储量限制了其大规模应用。面对以上问题,开发具有高活性及稳定性的非贵金属电催化剂在燃料电池及金属-空气电池的实际应用中具有重要的意义。根据电子转移数目,可以将 ORR 的反应路径分为两电子转移及四电子转移两种。

在酸性体系中,ORR 的反应路径如下所示。

两电子路径:

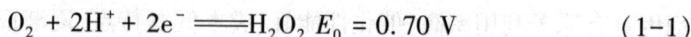

$$O_2 + 2H^+ + 2e^- \Longrightarrow H_2O_2 \quad E_0 = 0.70 \text{ V} \tag{1-1}$$

四电子路径:

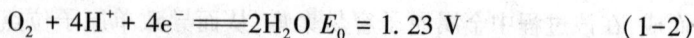

$$O_2 + 4H^+ + 4e^- \Longrightarrow 2H_2O \quad E_0 = 1.23 \text{ V} \tag{1-2}$$

在碱性体系中,ORR 的反应路径如下所示。

两电子路径：

$$O_2 + H_2O + 2e^- \rightleftharpoons HO_2^- + OH^- \quad E_0 = 0.74\ V \tag{1-3}$$

四电子路径：

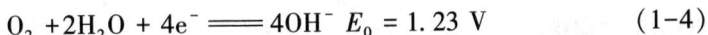
$$O_2 + 2H_2O + 4e^- \rightleftharpoons 4OH^- \quad E_0 = 1.23\ V \tag{1-4}$$

通常电催化反应主要包括反应物种吸附、电子转移、质子转移、产物的形成以及脱附等过程。以酸性体系 ORR 过程为例，O_2 首先吸附到催化剂的表面形成 O_2 自由基（O_2^*），然后经历解离过程。ORR 的主要过程可以分为以下三种路径。(1)解离路径：O_2^* 首先解离成两个 O^*，然后 O^* 与质子和电子连续反应形成 OH^*，并进一步反应形成 H_2O^*。(2)结合路径：O_2^* 与质子和电子反应成 OOH^*，并分解成 O^* 和 OH^*。然后，O^* 与质子和一个电子反应生成 OH^*。最后，OH^* 与质子和电子再次反应生成 H_2O^*。(3)过氧化物路径：在该路径中，O_2^* 形成 OOH^* 和 $HOOH^*$ 后被还原为 OH^*（O—O 键断裂）并生成 H_2O。

H_2O_2 作为一种环境友好型的氧化剂，在急救消毒、纸浆及纺织品漂白、废水处理、化学品合成、半导体清洗等领域有着重要的应用。传统 H_2O_2 的生产方法是将蒽醌氧化还原，该方法需要在有机溶剂中经过一系列氧化还原及提纯等复杂过程才可以得到产物。此外，蒽醌法需要大量的基础设施及能源消耗。大规模、集中生产的 H_2O_2 需要运输至指定地点。为了降低运输成本则需要将生产的 H_2O_2 精馏至高浓度，而在许多应用中（如纸浆漂白、医疗、化学品合成等）又需要将高浓度的 H_2O_2 稀释。ORR 反应路径中所产生的 $HOOH^*$ 如果能直接从催化剂表面脱附，即可完成两电子路径。该方法是制备 H_2O_2 的一种有效的途径，可以解决目前蒽醌法制备 H_2O_2 中存在的问题。而设计高性能的 ORR 催化剂用于高效催化 ORR 制备 H_2O_2 具有重要的理论及现实意义。

1.2.3　二氧化碳还原反应

CO_2 是一种具有高解离能（C═O 键能约为 750 kJ·mol^{-1}）的稳定分子，因此 CO_2RR 动力学过程较缓慢。此外，CO_2RR 可以产生多个产物，产物选择性低会降低能量转换效率并增大产物分离的困难。为了更好地与阳极反应配对，一般选择在水中进行反应，但这又会面临氢气析出反应（HER）的竞争。

CO_2RR 中形成的化学键有三种形式：氧的加氢化（O—H）、碳的加氢化

（C—H）和碳—碳耦合（C—C）。而对于加氢作用也有两种机理：一种是 Eley-Rideal（E-R）机理，即以 H_2O 及 e^- 为反应物参与到 CO_2RR 过程中；另一种是 Langmuir-Hinshelwood（L-H）机理，即以催化剂表面吸附的 H^* 为反应物参与到 CO_2RR 过程中。

1.3 电催化剂的分类

电催化剂是电化学能量转换系统的一个重要部分，其性能决定了电化学系统的能量转换效率及成本等因素。发展具有高催化活性、稳定并且低成本的电催化剂一直以来都是电催化领域的研究重点，并具有很好的应用价值。

1.3.1 贵金属电催化剂

目前，在电化学能量转换技术中常用的电催化剂大多数是贵金属类材料，但贵金属价格昂贵、储量有限等缺点限制了其大规模应用。为了降低成本，人们通过合金化、纳米结构化等方法进一步减少贵金属含量，而保持（甚至提升）电催化剂的催化性能。在 ORR 中，Pd-Au/C 及 Pt-Hg 合金显示了优异的催化性能，但是贵金属高昂的价格及 Hg 的毒性同样限制了其大规模应用。在 CO_2RR 中，Au 和 Ag 虽然可以高效地将 CO_2 催化为 CO，但是价格高一直是其大规模商业化应用的限制因素。因此，开发廉价而高效的非贵金属电催化剂已经成为电化学能量转换技术研究及产业化发展的关键性因素之一。

1.3.2 非贵金属电催化剂

在地壳中，过渡金属如 Fe、Co、Ni、Mn 等储量丰富，价格相对低廉，同时外层 3d 电子结构使得它们具有变价性，符合 ORR 及 CO_2RR 催化的要求，被广泛研究。

在 ORR 方面，一些简单过渡金属的羟基氧化物及尖晶石结构的氧化物在碱性电解液中表现出良好的 ORR 活性，被广泛研究并应用到金属-空气电池中。但是大多数金属氧化物本身的导电能力差，不利于电荷传输，从而影响了催化性能。目前,可以通过以下几个方法来提高过渡金属及其化合物的 ORR 活性:(1)与导电性良好的材料复合。与具有良好导电性的纳米碳材料(石墨烯、碳纳米管、炭黑等)复合可以提高催化性能。(2)纳米结构化以提高电催化剂的活性位点数目。(3)形成核-壳结构。在具有良好导电性的金属外面生长出具有催化活性的氧化物层,通过金属和氧化物间的协同作用提高催化性能。(4)构造缺陷。在金属氧化物中引入杂原子或者氧缺陷以提高其催化活性和导电性。

1.3.3　杂原子掺杂纳米碳材料电催化剂

纳米碳材料具有电导率高、化学稳定且成本低廉等特点,但普通碳材料电化学活性较差。引入具有不同尺寸和电负性的杂原子(如氧、氮、硫、磷、氟等)可以有效调节纳米碳材料的电子结构,从而提高催化性能。杂原子掺杂纳米碳材料存在缺陷,因此该材料可作为高性能的电催化剂用于电化学能量转换。例如,N 的引入可以使局部电荷密度升高,而与 N 相连的 C 的电荷密度降低,从而增加了对 O_2 的吸附。此外,理论计算表明,N 掺杂可以促进对 O_2 的吸附,从而削弱 O—O 键以获得高效的催化活性。

1.3.4　M-X/C 结构单原子电催化剂

金属颗粒的尺寸对电催化剂性能有显著影响,将非贵金属电催化剂的尺寸减小达到原子水平,并通过与基底材料相互作用形成稳定结构可以实现原子利用率的最大化。可以将金属原子与 N、C、O 等原子通过配位作用引入以 C 为基底的材料中,形成具有 M-X/C(M = Mn、Fe、Co、Ni、Cu、Zn、Cr、Bi 等,X = N、C、O 等)结构的非贵金属单原子电催化剂。其中,M-N/C 结构较为常见。这类单原子电催化剂在 ORR、CO_2RR 中受到越来越多的关注。

通常,可以使用以下两种策略来设计及优化 M-X/C 的催化性能:(1)调节金属活性中心、配位结构及电子结构来控制催化活性;(2)增加活性位点的数目。

通过改变单原子活性中心的配位环境,可以调节活性中心与 O_2 及中间产物的结合能,进而改变 ORR 的电子转移路径。例如,具有 Fe-N/C 结构的单原子电催化剂已经被证明是四电子转移的 ORR 电催化剂。Jiang 等人通过氧化碳管与金属铁盐在高温下制备出具有 Fe-O/C 结构的单原子电催化剂,在碱性及中性条件下均具有 95% 以上的过氧化物的选择性。较高的金属原子利用率能够有效降低电催化剂的成本。同时,具有大比表面积的基底可以增加电催化剂活性位点数目,从而提高催化活性。例如,Lefevre 等人制备出具有 Fe-N/C 结构的电催化剂(负载量为 5.3 mg·cm^{-2}),在高于 0.9 V 的电压下具有与 Pt 基电催化剂(负载量为 0.4 mg·cm^{-2})相同的电流密度。Liang 等人制备出具有介孔分布的 Fe-N/C 电催化剂,并研究了不同的模板制备出的不同电催化剂对催化性能的影响(图 1-1)。

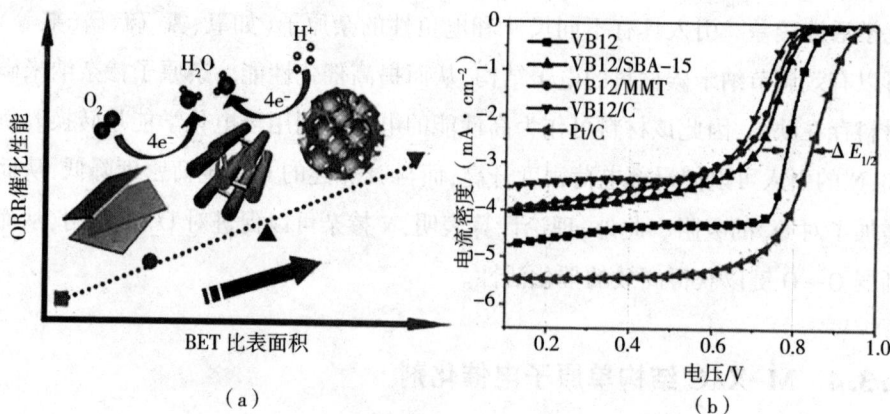

图 1-1　(a)比表面积与催化性能的关系曲线;
(b)不同模板制备出的不同电催化剂的催化性能

在 CO_2RR 方面,具有 M-N/C 结构的单原子电催化剂展现了优异的 CO_2 还原性能。目前对 M-N/C 结构的单原子电催化剂的研究集中在产物为 CO 的情况。Zhao 等人在双溶剂中通过离子交换法制备了 Ni 掺杂的 ZIF-8,进一步热解制备了具有 Ni-N/C 结构的单原子电催化剂,在 0.6~1.0 V 下对 CO 具有大于 90% 的选择性。Yan 等人直接在 ZIF-8 的合成过程中引入 Ni 盐,在 900 ℃ 条件下热解,得到 Ni 含量高达 5.44% 的 Ni-N/C 电催化剂,在 1 mol·L^{-1} 的 $KHCO_3$ 溶液中、0.53~1.03 V 下对 CO 具有大于 90% 的选择性。Yang 等人制备的石墨烯负载的 Ni-N/C 电催化剂在 -0.61 V 下对 CO 具有 97% 的选择性。

　　虽然以金属无机盐及含 N 有机物作为前驱体通过高温热解的方法制备单原子电催化剂的条件较为简易，但电催化剂活性位点的定向设计较难实现。高温热解过程不可避免地会造成活性中心化学结构的异构化，导致金属位点周围的配位环境具有多样性。因而，高温制备的电催化剂活性中心的化学结构难以准确表征与控制。这为电催化剂的合理设计及性能的提升带来较大困难，还有待进一步研究。

1.3.5　大环金属配合物类电催化剂

　　1964 年 Jasinski 等人首次制备出了大环金属配合物酞菁钴（CoPc），1974 年 Tanabe 等人证明了酞菁钴与酞菁镍具有 CO_2RR 的催化性能。金属大环配合物（如金属酞菁、金属卟啉等）具有化学结构明确、易修饰且稳定性较好等特点，受到越来越多的关注（图 1-2）。然而，金属大环配合物本身的导电性差，且易因分子间的 π-π 相互作用而聚集，导致暴露出的催化位点较少。这些缺点使得该类电催化剂的催化性能受到限制。

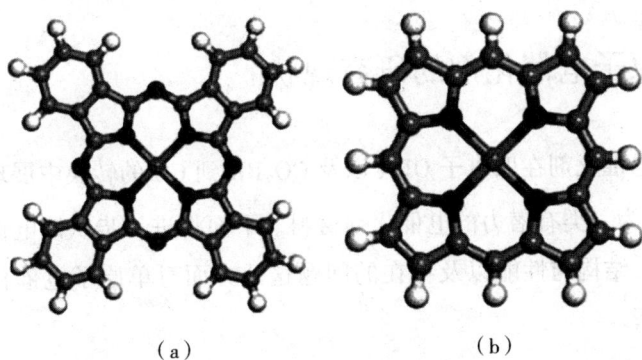

（a）　　　　　　　　　　　　　（b）

图 1-2　大环金属配合物的结构示意图及构筑的单原子电催化剂

（a）金属酞菁；（b）金属卟啉

大环金属配合物还可以通过与纳米碳材料结合来提高催化性能。Zhang 等人报道了一种聚集状态的 CoPc，其在 -0.6～-1.0 V 电压范围内对 CO 具有大于 90% 的选择性，但其他酞菁分子如酞菁锰（MnPc）、酞菁铁（FePc）、酞菁镍（NiPc）等 CO_2RR 的催化性能较差。Jiang 等人将 MnPc、CoPc 及 FePc 分子通过 π-π 相互作用固定到碳纳米管（CNT）表面改善了电极与活性中心间的电荷传输，并避免了分子间的聚集，所制备的复合催化剂与聚集的 MePc 分子相比催化性能有所提高。

金属大环分子还可以通过配位键连接到碳基底上。Pan 等人将 CoPc 分子通过配位作用固定到含 N 多孔碳材料中形成 $Co-N_5/C$，在 -0.57～-0.88 V 电压范围内对 CO 具有大于 90% 的选择性。Cao 等人将 FePc 与碳纳米管表面修饰的吡啶氮进行配位，形成 $Fe-N_5$ 的配位结构，理论计算及实验结果表明，该结构可以提高 ORR 的反应活性。

大环金属配合物类电催化剂的催化性能在近期得到快速的发展，但仍落后于贵金属类电催化剂。因此，如何实现高效的电极到活性位点的电荷传输，并且避免分子聚集等因素对催化性能的影响是其在 ORR、CO_2RR 以及其他催化应用中面临的重要挑战。

1.4　单原子电催化剂的研究现状

单原子电催化剂在四电子 ORR 以及 CO_2RR 到 CO 的转换中展现了较好的催化性能，成为一类有潜力的电催化剂材料。下面将进一步从该电催化剂的制备、表征方法、结构与性能以及存在的问题这几方面对单原子电催化剂的研究现状进行分析。

1.4.1　单原子电催化剂的制备

M-X/C 类单原子电催化剂的制备方法主要分为两类：(1)高温下将吸附金属的含氮有机物热解，通过形成的金属—氮配位键而将金属固定在碳基底上，这是一种"自下而上"的方法；(2)通过氮掺杂的碳载体来捕获由挥发性的金属配合物或者纳米颗粒在高温下产生的金属原子，这是一种"自上而下"的方法。

这两种方法在高性能单原子电催化剂的制备中均发挥了重要作用。例如，Ahn等人以多孔的 Te 纳米线为模板，在上面生长 ZIF-8 并通过多巴胺吸附及固定铁离子，然后热解制备了 Fe-N 电催化剂。Chen 等人将乙酰丙酮铁分子限制在 ZIF-8 的纳米孔道中，该方法实现了金属前驱体的原子级分散和隔离，限制了其在载体上的迁移和团聚。

在 CO_2RR 方面，Ju 等人制备出一系列 M-N/C(M ＝ Mn、Fe、Co、Ni、Cu) 电催化剂。研究发现，Fe-N/C 及 Ni-N/C 具有较高的 CO_2RR 催化性能。此外，通过热解乙二胺和无水氯化锰前驱体及酸洗等步骤制备的具有 Mn-N，Cl/C 配位结构的 Mn 单原子电催化剂在 -0.6 V 时对 CO 具有 97% 的选择性。

目前，通过高温热解含氮和金属等的前驱体是制备 M-N/C 单原子电催化剂的主要方法。虽然高温热解方法制备的单原子电催化剂在 ORR、CO_2RR 中具有良好的催化性能，但在高温过程中容易发生金属团聚现象，并伴有催化反应活性中心及周围化学环境复杂化等问题，使得电催化剂的结构难以被准确控制与表征，这为准确探索电催化剂的构效关系带来一定的困难。因此，合理设计前驱体结构，避免在高温条件下发生金属团聚现象并制备出具有高催化性能的单原子电催化剂是当前急需完成的一项任务。

1.4.2　单原子电催化剂的表征方法

研究 M-N/C 结构的单原子电催化剂的方法主要包括：(1)通过高角度环形暗场扫描透射电子显微镜可以观察到 M-N/C 中的单个金属原子，并利用电子能量损失谱对 M-N/C 进行成分分析；(2)通过同步辐射线站的 X 射线吸收光谱对单原子电催化剂的电子结构及配位环境进行鉴别；(3)通过其他技术如扫描隧道显微镜及原子探针断层扫描等研究电催化剂的电子状态或者原子尺度的三维结构。

1.4.3　单原子电催化剂的结构与性能

通过调控单原子电催化剂活性位点的配位环境和几何结构可以优化电催化剂的性能并研究 ORR 及 CO_2RR 的反应机理。

在 ORR 方面,主要通过以下两个方面研究 M-N/C 催化活性位点的结构与性能的关系。(1)活性中心金属原子的改变;(2)调节金属中心的配位环境。

不同金属活性中心如 Fe、Co 等已经被证明在四电子转移的 ORR 中具有优异的性能。将 Fe 或者 Co 无机盐通过配位作用引入 ZIF 结构中,并通过改变热解温度、ZIF 尺寸或者在 ZIF 外增加保护层等方式可以制备出具有优异 ORR 性能的 M-N/C(M=Fe、Co)电催化剂。例如,Zhang 等人通过调节 Fe 掺杂 ZIF-8 的尺寸及热解温度制备出的 Fe-N/C 在酸性条件下具有 0.85 V 的半波电位,尺寸为 50 nm 的 Fe 掺杂的 ZIF-8 活性位点 M-N 数量的增加是提高其催化性能的关键因素。除了 Fe-N/C 及 Co-N/C 外,其他金属包括 Mn、Cu、Zn、Cr、Ir 等形成的具有 M-N/C 结构的单原子电催化剂也被证明具有优异的 ORR 活性。Li 等人采用热解 Mn 掺杂的 ZIF-8 前驱体制备的 Mn-N/C 电催化剂在酸性条件下具有 0.80 V 的半波电位,其催化稳定性要优于类似条件下制备的 Fe-N/C 电催化剂。

M-N/C 单原子电催化剂因在 CO_2RR 方面也展现出较好的催化性能而同样受到越来越多的关注。Wang 等人通过调节热处理温度及氨气处理等条件,制备出不同配位数的 Co-N/C 电催化剂。其中具有 $Co-N_2/C$ 配位的单原子可以促进 CO_2 在电催化剂表面形成 $COOH^*$,因而具有优异的催化活性,在过电位为 520 mV 的条件下具有 94.2% 的 CO 法拉第效率。

1.4.4 单原子电催化剂研究中存在的问题

目前所报道的单原子电催化剂大多数是在高温活化的条件下制备的。在高温条件下,如何高效制备单原子电催化剂,并且避免金属纳米颗粒的形成及优化制备工艺等仍需进一步研究和探索。

高温条件下形成单原子位点的同时,不可避免地会带来电催化剂结构的异构化,包括催化活性中心的配位结构及寄生位点(如杂原子掺杂碳)的形成。这为探索单原子电催化剂结构与性能间的关系,并进一步优化催化剂的设计与应用带来极大的挑战。

综上所述,在获得高金属负载量单原子电催化剂的同时,如何避免金属原子在高温下发生聚集而生成低活性的金属颗粒、探索电催化剂结构与性能间的关系并进一步指导高性能电催化剂的设计与应用是目前在单原子电催化剂制备及性能优化中需要解决的问题。

第2章 石墨烯及其在超级电容器领域的应用

目前,已被人类开发利用的可持续能源包括太阳能、生物质能、水能、风能等。但是,在可持续能源的利用过程中,经常伴随着输出能量的巨大波动;在实际应用时,还存在着能源输出与实际需求难以匹配的问题。为了解决以上问题,研制新型能量转换和储存系统迫在眉睫。为了提高可持续能源的利用效率,克服可持续能源匹配困难以及输出不均匀的缺点,超级电容器作为一种新型储能器件逐渐成为新能源领域研究的热点。

2.1 超级电容器简介

2.1.1 超级电容器概述

超级电容器是一种结合了静态平板电容器和二次电池的优点的新型储能装置。19世纪70年代,德国物理学家亥姆霍兹首先建立了双电层的概念和模型,这为超级电容器的产生提供了理论基础。通用电气公司于1957年申请了首个基于低电压电解质的超级电容器专利,从而拉开了超级电容器登上世界舞台的序幕。经过几十年的发展,超级电容器设备目前在航空、混合动力汽车、地铁以及便携式移动电源等领域得到了广泛应用。由此可见,超级电容器作为一种新型储能系统,有着巨大的研究价值和广泛的应用前景。

2.1.2　超级电容器储能机理及分类

超级电容器一般是在电解液与电极材料界面发生可逆的电荷分离或者法拉第氧化还原反应。由于超级电容器电荷储存和释放过程都发生于电极材料表面,并不需要电解质离子扩散进入电极材料内部,因此超级电容器可以实现快速充放电。

按照储能机理的不同,超级电容器可以分为双电层电容器、赝电容器(法拉第电容器)以及混合型电容器。

2.1.2.1　双电层电容器

双电层电容器是指在电荷存储和释放过程中,只发生电荷在电极材料与电解液界面间聚集和扩散这一单纯的物理过程,而不存在电化学反应。双电层电容主要由静电荷在材料与电解液界面快速可逆地聚集而产生。在充放电过程中,两电极表面分别带有正电和负电,使得两电极之间形成电势差。为了保持体系电中性,电解质离子在该电势差驱动下,分别向阴极/阳极移动并在电极/电解液界面集聚或扩散,以维持整个体系的静电平衡。

影响双电层电容的因素包括电极上的电场强度、电解质离子类型以及吸附离子与电极表面的化学亲和力等。因此,双电层电容器电极材料一般采用具有大比表面积的多孔材料。

双电层电容器电极与电解液界面之间的相互作用原理与传统的平板电容器类似,其电容计算公式为:

$$C = \frac{\varepsilon_0 \varepsilon_r A}{d} \tag{2-1}$$

式中,ε_0——真空介电常数;

ε_r——电解液的介电常数;

A——电极的有效比表面积;

d——双电层有效厚度。

2.1.2.2　赝电容器

与双电层电容器不同,赝电容器主要通过电解液与电极材料表面发生快速可逆的氧化还原反应产生赝电容。由于该电容产生于电化学电荷迁移过程中，而不是起源于静电，因此被称为"赝电容"。

在赝电容器电极中，通常包含以下三种法拉第过程：

(1)活性物质在电极表面发生可逆的吸附/脱附过程；

(2)过渡金属氧化物或氢氧化物发生可逆的氧化还原反应；

(3)导电聚合物进行可逆的电解质离子掺杂/去掺杂过程。

由于上述反应既可能发生在电极材料表面，也可能发生在电极材料表面下较薄的固体电极中，因此这类材料表现出优异的电化学性能。但是，由于电极导电性较差，而且电化学反应过程时间较长，所以其功率密度较低。此外，氧化还原反应还会导致赝电容器循环稳定性较差。

2.1.2.3　混合型电容器

混合型电容器采用非对称性电极作为电容器的两个电极，即一个电极为双电层电极，另一个电极为赝电容电极。由于混合型电容器同时具备双电层电容器和赝电容器二者的优点(如较高的工作电压、高能量密度以及高功率密度)，因此近年来获得了广泛的关注。

2.1.3　超级电容器的特点

超级电容器是一种结合了静态平板电容器和二次电池的优点的新型储能设备，同时具备能量密度和功率密度高的优点，因此在各领域获得了广泛应用。表2-1给出了传统电容器、超级电容器以及电池的性能参数比较。对比表2-1中数据可以发现，与传统储能设备相比较，超级电容器具有不可替代的优势：(1)充放电速度快，且充放电效率高。(2)功率密度高。(3)循环寿命较长。(4)维护成本低。(5)绿色环保。

表 2-1　传统电容器、超级电容器以及电池的性能参数比较

性能参数	传统电容器	超级电容器	电池
充电时间/s	$10^{-6} \sim 10^{-3}$	$1 \sim 30$	$1000 \sim 10000$
放电时间/s	$10^{-6} \sim 10^{-3}$	$1 \sim 30$	$3000 \sim 20000$
能量密度/(Wh·kg^{-1})	<0.1	$1 \sim 10$	$20 \sim 100$
功率密度/(W·kg^{-1})	>10000	$1000 \sim 2000$	$50 \sim 200$
循环寿命/次	>500000	>100000	$500 \sim 2000$
充放电效率	约 1.00	$0.90 \sim 0.95$	$0.70 \sim 0.85$

2.1.4　超级电容器的电极材料

碳材料、金属氧化物/氢氧化物和导电聚合物是超级电容器领域常见的电极材料。按照其机理可以分为双电层电极材料和赝电容电极材料。

双电层电极材料以碳材料为主。在超级电容器电极材料中,碳材料之所以被广泛应用,与其化学结构稳定、电导率高、来源丰富、成本较低等优势密不可分。超级电容器领域常见的碳材料包括高比表面积的活性炭、炭气凝胶、碳纳米管、模板多孔碳、活性碳纤维、石墨烯等。

活性炭材料是目前商业化双电层电容器中使用最广泛的电极材料。活性炭材料具备比表面积大、电导率高以及价格低廉等优点。可通过对各种碳质前驱体(如食品、煤炭、坚果壳、沥青等)进行物理或化学活化来制备活性炭电极材料。物理活化方法通常是在氧化气氛(蒸汽、二氧化碳或空气)中高温条件(700~1200 ℃)下,对碳质前驱体进行热处理。化学活化方法则是采用活化剂(磷酸、氢氧化钾、氢氧化钠等)在低温条件(400~700 ℃)下对碳质前驱体处理。采用不同前驱体和活化方法可以获得具有不同比表面积的活性炭电极材料。活性炭电极材料具有较宽的孔径分布,孔一般由微孔(<2 nm)、中孔(2~50 nm)以及大孔(>50 nm)构成。在有机电解液中,活性炭电极材料比电容一般小于150 F·g^{-1};而在水性电解液中,其比电容一般为100~300 F·g^{-1}。

炭气凝胶作为一种新颖的超级电容器电极材料,一般通过对间二苯酚或甲醛高温热解制备而成。炭气凝胶颗粒尺寸一般为4~9 nm,通过颗粒间的中孔结构互相贯通形成交联网络。炭气凝胶作为双电层电容器电极材料使用时,对

碳颗粒进行微孔活化是必不可少的工艺。采用二氧化碳对炭气凝胶进行活化后，可以获得大量微孔结构，从而使材料的电容特性获得进一步提升。表面活性剂修饰后的炭气凝胶对有机电解液的表面浸润性有了极大改善，因此在大电流密度测试条件下，可以获得较大的比电容。

碳纳米管具备独特的孔结构、较高的导电性以及优异的力学性能和热稳定性，因此极其适合作为超级电容器电极材料。碳纳米管具备较高的力学弹性和开放式管状网络结构，适用于电化学活性物质的支撑物。Niu 等人报道了多壁碳纳米管超级电容器电极在酸性电解液中比电容可以达到 $102\ F \cdot g^{-1}$，其比表面积和功率密度分别为 $430\ m^2 \cdot g^{-1}$ 和 $8\ kW \cdot kg^{-1}$。尽管碳纳米管具备优异的性能，但是纯化工艺复杂、制造成本较高的缺点限制了其作为超级电容器电极材料的应用。

活性碳纤维具有较大的比表面积以及适度可控的孔径分布，因此也可作为超级电容器电极材料。与活性炭相比，活性碳纤维具有可控的孔径分布，而且其孔结构位于纤维表面，易于电解质离子进出，因此其比电容较大。

赝电容电极材料主要由过渡金属氧化物和导电聚合物构成。

与碳材料相比，过渡金属氧化物具有较高的能量密度，在适当的电压条件下，可以通过可逆的法拉第氧化还原反应获得较大的比电容。常见的过渡金属氧化物电极材料有氧化钌、氧化锰、氧化镍、四氧化三铁等。

导电聚合物主要是指沿着聚合物骨架，通过其共轭体系实现导电的一类聚合物的总称。导电聚合物的储能机理主要是通过快速掺杂、去掺杂实现离子交换，从而将电荷储存或释放，所以其存储的能量要远高于双电层电极材料。常见的导电聚合物包含聚苯胺、聚吡咯、聚噻吩及其衍生物等。但是由于导电聚合物赝电容受到掺杂比例、掺杂机理、氧化还原过程转换及稳定性的限制，因此导电聚合物电极材料作为整体电极使用很难满足实际需求。

Hu 等人采用薄膜模板法制备了带有结晶水的氧化钌（$RuO_2 \cdot H_2O$）纳米管，如图 2-1 所示。该材料比电容高达 $1300\ F \cdot g^{-1}$，并且在高电压扫速条件下仍然保持优异的充放电行为。虽然氧化钌具有较大的比电容，但是其制备成本较高，而且污染环境，这些缺点限制了氧化钌作为超级电容器电极材料的商业化。

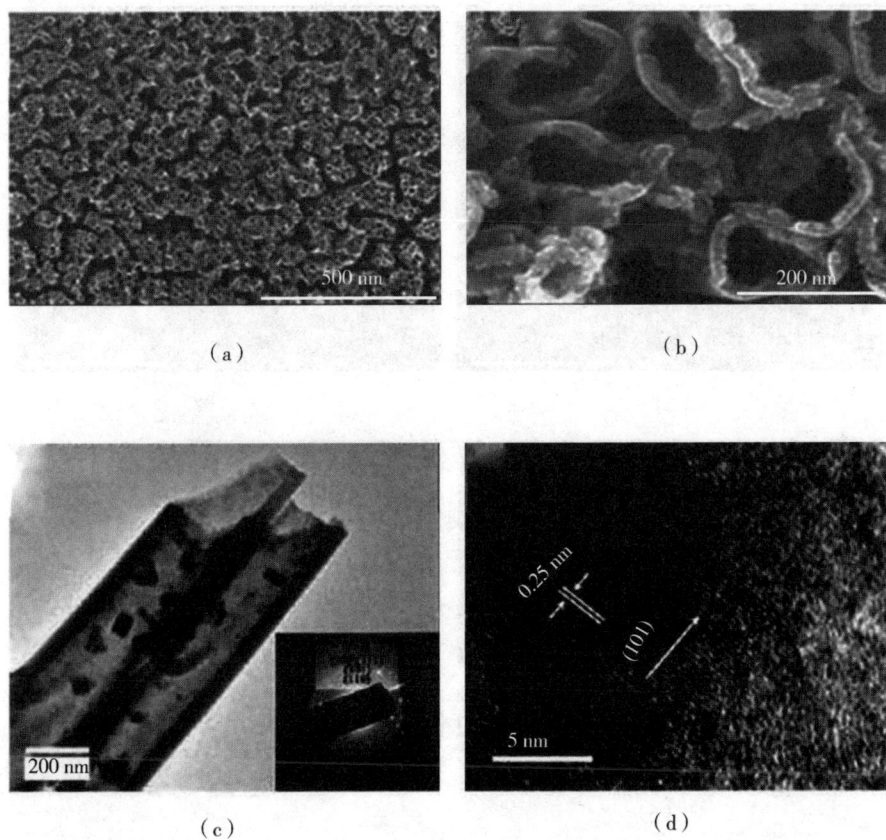

图 2-1　带有结晶水的氧化钌纳米管的(a)、(b) SEM 图以及(c)、(d) TEM 图

　　Sumanta 等人采用回流法和微波法制备了片状和球状氧化镍颗粒,如图 2-2 所示。球状氧化镍颗粒表面有波纹状孔结构,在 2A·g^{-1} 测试条件下,其比电容为 370 F·g^{-1}。Jiang 等人采用溶胶-凝胶法制备了花瓣状、片状和球状三种不同形貌的氧化镍颗粒。其中花瓣状氧化镍展现出优异的电化学性能,0.5 A·g^{-1} 测试条件下,其比电容为 480 F·g^{-1}。

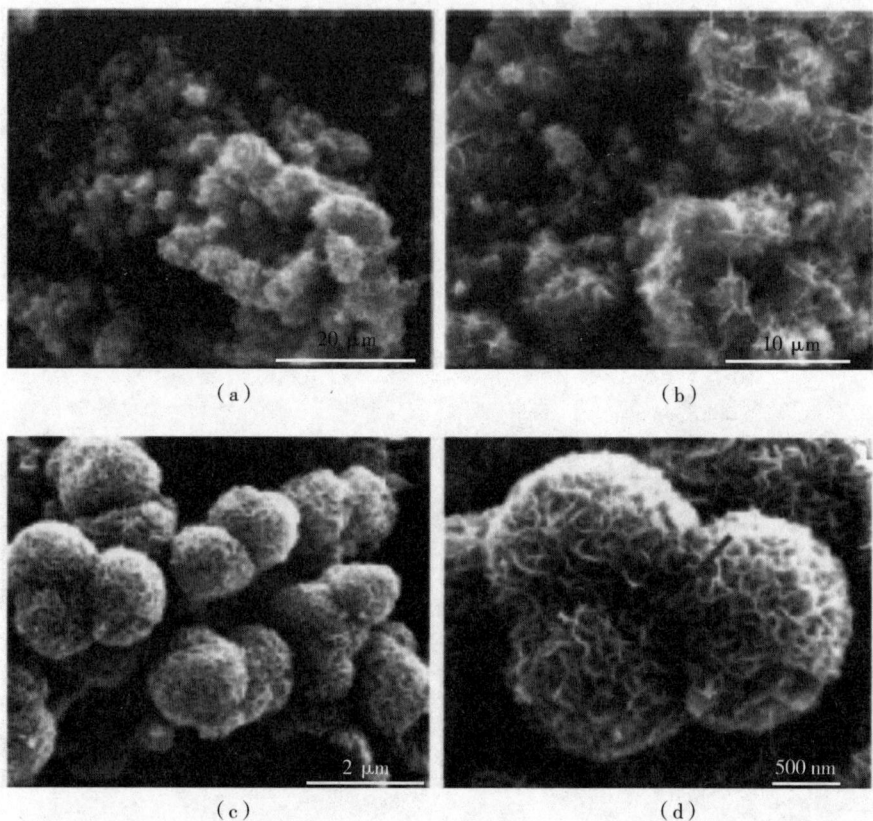

图2-2　采用回流法和微波法制备的片状和球状氧化镍颗粒的 SEM 图

2.2　石墨烯研究概况

石墨烯是由单原子层碳原子以 sp^2 杂化形式构成的新型二维原子晶体。作为石墨材料的基本单元,石墨烯可以包裹成零维的富勒烯、卷曲成一维的碳纳米管,以及堆积成石墨(>10 层)。石墨烯为一种具备多种优异特性的新型材料。目前常见的石墨烯制备方法包括机械剥离法、石墨氧化还原法、化学气相沉积法、电弧放电法、球磨法、溶剂辅助剥离法以及化学合成法等。

机械剥离法是最早提出并成功制备高质量单晶石墨烯的方法。2004 年,Gim 和 Novoselov 等人首次采用机械剥离法(胶带反复粘贴高温定向裂解石墨)成功分离出石墨烯。采用机械剥离法制备石墨烯可以满足制造概念型器件、高速场发射二极管以及单分子灵敏度化学传感器等领域对石墨烯的需求,但是该方法制备的石墨烯产率较低,因此并不适合大规模商业化应用。

石墨氧化还原法制备石墨烯具有成本低、效率高以及产量大等优点,是目前制备石墨烯使用最广泛的方法之一。该方法是先采用热处理或化学氧化的方法将天然石墨转变成氧化石墨,然后通过化学还原获得石墨烯。Ruoff 和 Park 提出了采用化学氧化的方法将石墨氧化为氧化石墨烯,随后通过在水溶液中超声氧化石墨的方法将其剥离为氧化石墨烯片。Li 等人利用静电稳定作用制备出了还原氧化石墨烯胶体。通过改变胶体体系 pH 值可以使还原氧化石墨烯片带有负电荷,利用静电排斥的原理使胶体体系稳定。Fan 等人在强碱条件下对氧化石墨烯进行简单的加热处理,成功制备出稳定的石墨烯悬浮液。

化学气相沉积法制备石墨烯是指碳氢化合物在高温条件下裂解后,碳原子在金属催化剂表面生长重排形成石墨烯。基于碳在金属中溶解度的差异,化学气相沉积法石墨烯生长机理可以分为两种。一种生长机理是碳分离后再析出。该机理的主要沉积基体催化剂是金属镍,高温条件下碳氢化合物裂解形成碳物质溶解于金属镍中,随后冷却析出,并于镍表面成核生长为石墨烯。该方法制备的石墨烯的层数与冷却速率有关。另一种生长机理为表面直接生长石墨烯。该种方法主要是将碳前驱体吸附于催化剂表面并生成区域化石墨烯,而后连续生长,从而获得石墨烯材料。Ruoff 等人以铜箔为催化剂实现了制备大尺寸石墨烯的目标。而且,研究人员发现可以采用多种固体及液体碳源来制备石墨烯。Tour 等人提出了采用固体碳源一步法制备高纯石墨烯及掺杂石墨烯的方法。

电弧放电法是一种用于制备富勒烯、单壁或多壁碳纳米管的工艺。在电弧放电过程中体系温度可以瞬间升高至 2000 ℃,因此弧放电法有希望用于氧化石墨高效剥离以及脱氧制备石墨烯。Shi 等人采用空气替代氢氦混合气,以电弧放电法制备出大尺寸石墨烯。采用电弧放电法制备石墨烯时,石墨烯产率与气氛压力密切相关。与采用传统的机械剥离法相比,这种方法制备的石墨烯展现出较好的导电性以及热稳定性。

球磨法是一种高效的制备少层石墨烯及其复合材料的方法。Fan 等人以膨胀石墨为原料,采用球磨法制备了石墨烯-氧化铝复合材料。Dai 等人在干冰中采用球磨法制备了高产率羧酸化石墨,将这种羧酸化石墨分散于不同溶剂中可以实现石墨自剥离,从而获得单层或少层石墨烯。这种方法具备简单、高效、环境友好以及成本低的优点,可用于大量制备高品质石墨烯。

溶剂辅助剥离法是制备二维材料有效的方法。Coleman 等人将石墨粉分散于适当的溶剂中超声,石墨粉可以分裂成在溶剂中分散良好的纳米片。当表面能接近石墨烯表面能($68 \ mJ \cdot m^{-2}$)时,溶剂混合熵最小。剥离出的纳米石墨片没有缺陷和氧化官能团。但是溶剂辅助剥离法存在分散悬浮液浓度低、难以高产率制备单层石墨烯以及溶剂成本较高的缺点。

化学合成法一般以芳香族化合物为原料,通过改变反应条件实现石墨烯可控合成。Cai 等人成功合成了带有不同拓扑结构及宽度的石墨烯纳米带。分子前驱体表面辅助耦合作用有助于形成线性聚苯撑,然后通过环化脱氢作用得到石墨烯纳米带。他们研究发现石墨烯的拓扑结构、宽度以及边缘形态与单体结构密切相关。这种方法已经应用于制备石墨烯太阳能光电板以及磁性器件。

2.3　石墨烯在超级电容器领域的应用

石墨烯作为超级电容器电极材料使用时,主要储能机理为双电层电容储能。石墨烯双电层电容器[图 2-3(d)]最早由 Ruoff 等人开发,他们以化学修饰石墨烯[图 2-3(d)~(c)]作为该种超级电容器的工作电极。在水及有机电解液体系中,这种石墨烯电极比容量为 135 $F \cdot g^{-1}$ 和 99 $F \cdot g^{-1}$,其电容保持率为 93%。Lei 等人以尿素为还原剂制备了石墨烯超级电容器电极材料。实验结果表明,尿素能够有效去除氧化石墨烯的含氧基团并恢复碳表面共轭电子结构。在电流密度为 0.5 $A \cdot g^{-1}$ 以及 30 $A \cdot g^{-1}$ 条件下,材料比电容分别为 255 $F \cdot g^{-1}$ 和 100 $F \cdot g^{-1}$。该方法制备的石墨烯电极性能优于采用水合肼法、微波还原法以及水热法还原获得的石墨烯样品。这种优异的性能归功于尿素还原的石墨烯电极材料具备多孔网络结构以及可部分修复的 π 键共轭结构,因此在充放电过程中,该材料有利于离子以及电子的快速转移。

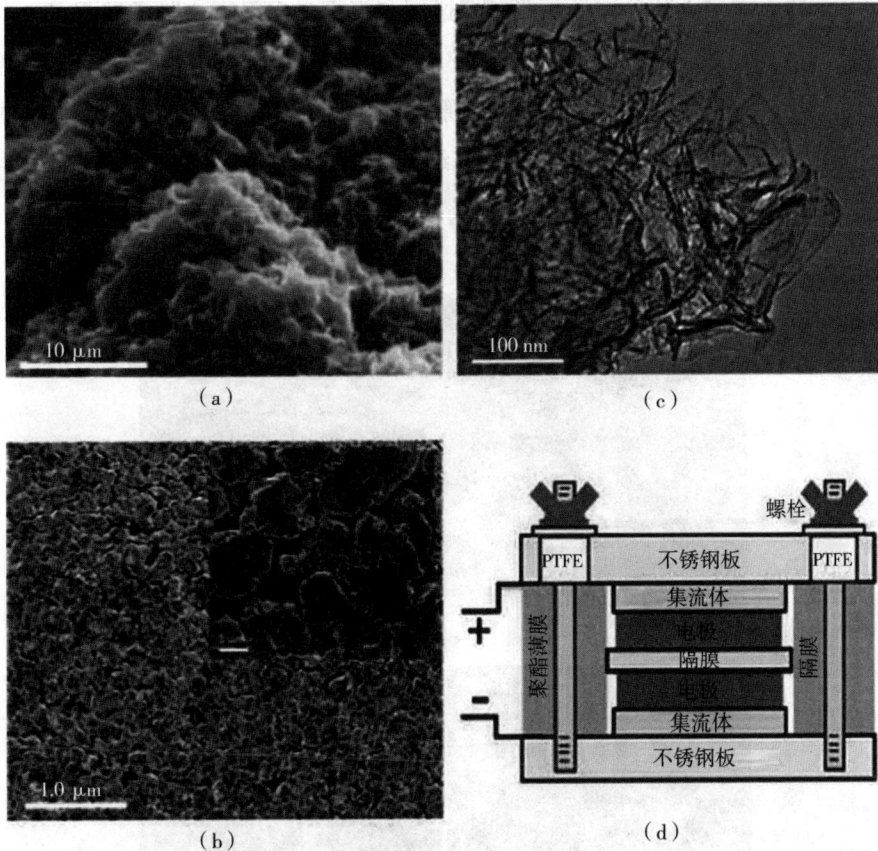

图 2-3　化学修饰石墨烯的(a)、(b)SEM 图和(c)TEM 图以及(d)组装超级电容器示意图

　　通过化学活化作用可以获得具有大比表面积的石墨烯电极材料。Zhu 等人采用氢氧化钾对石墨烯进行化学活化并获得了孔径分布为 0.6~5 nm 的大比表面积多孔石墨烯。在有机电解液内,当工作电压为 3.5 V、电流为 5.7 A·g^{-1} 时,其能量密度可达 70 Wh·kg^{-1}。

　　虽然二维石墨烯具有大比表面积以及优异的导电性,但是由于石墨烯片之间存在强烈的范德瓦耳斯力以及 π-π 作用,因此在石墨烯制备及保存过程中二维石墨烯片极易发生片层堆砌复合,这极大地限制了二维石墨烯在超级电容器领域的应用。为了解决二维石墨烯易于堆砌复合的问题,三维石墨烯应运而生。将二维石墨烯片层组装成三维结构,不但可以避免石墨烯片层堆砌复合,而且会带来更大的比表面积、更高的机械强度以及更快的电子传输速度,从而使之具备更加优异的力学、电学等性能。

Xu 等人通过水热法还原氧化石墨烯制备了力学以及电学性能优异的三维石墨烯材料,如图 2-4 所示。该材料孔尺寸为亚微米级到微米级,孔壁由石墨烯片构成。Chen 等人采用低毒性的还原剂对氧化石墨烯进行还原,同时使其原位自组装,制备三维石墨烯块体。研究结果表明,该材料在 5 mol·L^{-1} 氢氧化钾电解液中比电容可达 156 F·g^{-1}。

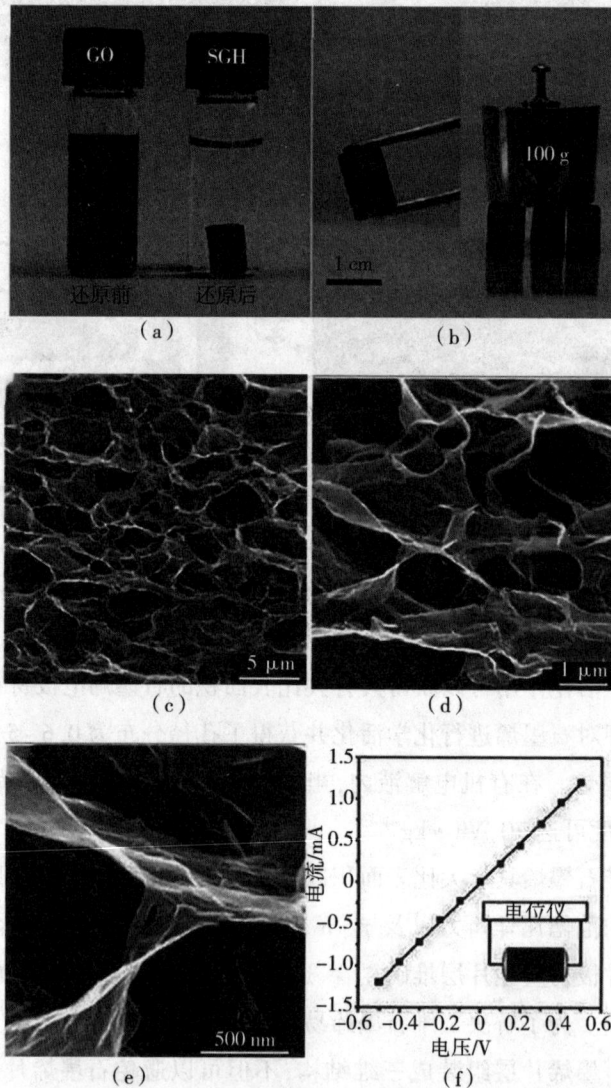

图 2-4　水热法还原制备三维石墨烯凝胶

(a)、(b)还原前后的石墨烯;(c)~(e)SEM 图;(f)伏安特性图

　　Bi 等人以氧化石墨为原料制备了海绵状三维石墨烯。该材料具备良好的亲油性和疏水性,并且可再生循环使用,在环境净化领域有着巨大的应用价值。Lee 等人将二氧化硅基质投入含有聚合物接枝的氧化石墨有机溶剂中,并置于湿空气流下,经过蒸发溶剂、去除基质及热还原等处理后,得到柔韧多孔的还原氧化石墨烯薄膜。

　　为了克服石墨烯比电容较小的缺点,将石墨烯作为其他材料的载体来制备复合材料成了一种优选的方法。Dong 等人采用两步法制备了三维石墨烯/氧化钴超级电容器电极材料。首先,采用化学沉积法,以镍基泡沫为骨架沉积生长石墨烯。然后通过原位反应,在三维石墨烯骨架上生长氧化钴颗粒,如图 2-5 所示。该材料在葡萄糖溶液中具有较大的比电容($1100 \ F \cdot g^{-1}$)以及较好的多次循环电容保持率。

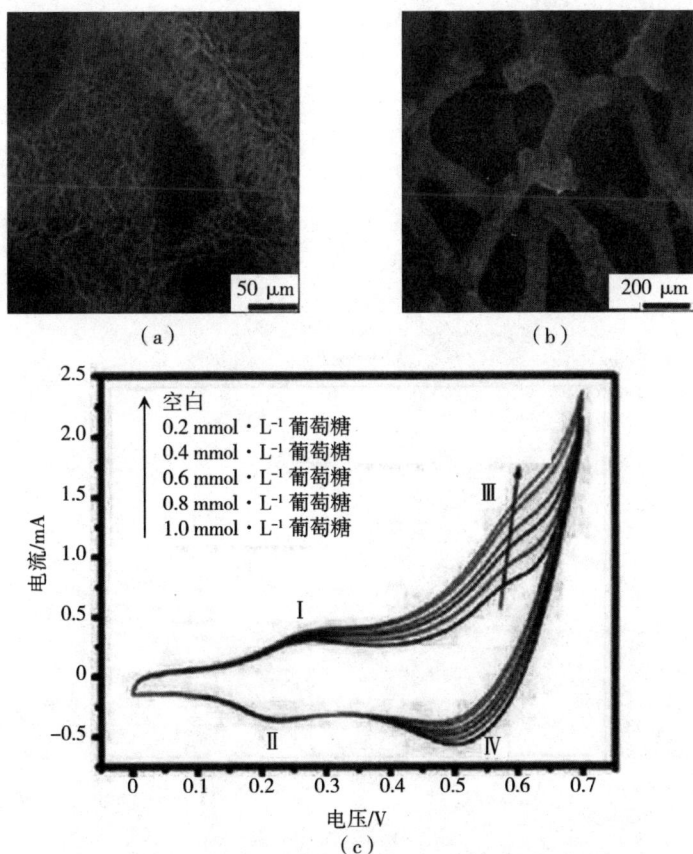

（a）　　　　　　　　　　　（b）

（c）

图 2-5　两步法制备三维石墨烯/氧化钴超级电容器电极材料

目前,超级电容器领域面临的最大的问题是其能量密度较低。为了有效提升超级电容器的能量密度,改进超级电容器核心部件(电极材料)的性能成为该领域的重要研究方向。

第3章 酞菁铁构筑单原子电催化剂及其 ORR 催化性能研究

本章通过 ZIF-8 封装及高温热解制备了 Fe-N/C 单原子电催化剂,并研究了其在 ORR 中的催化性能。通过分子工程修饰酞菁铁分子及金属无机盐共掺进一步增加活性位点数量,提高催化性能。结合结构、形貌等表征手段以及电化学方法,探索了在酸性及碱性介质中电催化剂的设计对 ORR 活性的影响。

在 ORR 测试中,采用三电极体系测试系统:以旋转圆盘电极(RDE)或者旋转圆盘-圆环电极(RRDE)为工作电极,碳棒为对电极,饱和甘汞电极为参比电极。称取 4 mg 电催化剂和 10 L 5% 的 Nafion 溶液分散在乙醇中,超声处理 60 min,形成均匀的浆料。将电催化剂浆料滴加到工作电极表面(其中酸性及碱性体系中的电催化剂负载量分别为 0.6 mg·cm^{-2} 及 0.2 mg·cm^{-2}),自然晾干成膜。每个实验开始之前,在电解液(0.1 mol·L^{-1} KOH 或 0.1 mol·L^{-1} HClO$_4$)中通入 Ar 或者 O$_2$ 30 min 使其饱和。循环伏安(CV)曲线及线性扫描伏安(LSV)曲线是在转速为 1600 r·min^{-1} 及扫描速率为 5 mV·s^{-1} 下获得的。

动力学电流密度 J_k 由 Koutecky-Levich 方程确定:

$$\frac{1}{J} = \frac{1}{J_k} + \frac{1}{J_l}$$ (3-1)

其中,J 为测量电流密度,J_k 和 J_l 分别为动力学电流密度和极限电流密度。

RRDE 电催化剂浆料和电极的制备方法与 RDE 相同。扫描速率为 5 mV·s^{-1},环电位恒定在 1.5 V。过氧化物产率和电子转移数(n)由以下公式确定:

$$过氧化物产率 = 200 \times \frac{I_r/N}{I_d + I_r/N}$$ (3-2)

$$n = 4 \times \frac{I_d}{I_d + I_r/N} \tag{3-3}$$

其中,I_r 为环形电流,I_d 为圆盘电流,N 为 Pt 环的收集效率。

在 CO_2RR 测试中的电催化剂浆料的制备与 ORR 类似。将电催化剂浆料滴涂到碳纤维纸(碳纤维纸面积为 0.5 cm^2,电催化剂负载量为 0.4 $mg \cdot cm^{-2}$)上。电化学测试以 Ag/AgCl 电极为参比电极,石墨棒为对电极,涂有电催化剂的碳纤维纸为工作电极。电解液为 CO_2 饱和的 0.5 $mol \cdot L^{-1}$ $KHCO_3$ 溶液(pH = 7.2)。在测试开始前,将高纯度的 CO_2(99.999%)通入电解液中,采用计时电流(CA)法或者计时电位(CP)法进行测试。产生的气体用气相色谱仪进行分析。

电化学交流阻抗(EIS)测试是将上述制备的电催化剂浆料滴涂在 RDE 上,负载量为 0.2 $mg \cdot cm^{-2}$,在电解池中以 5.0 mV 的振幅并在 CO_2RR 及 ORR 的电流密度达到 -0.5 $mA \cdot cm^{-2}$ 时对应的电位下进行的。

基于 GDE 的 CO_2RR 测试是将 H 型电解池中制备的电催化剂浆料滴涂在碳纤维纸(1.5 cm×1.5 cm)上进行的,电催化剂负载量为 1.0 $mg \cdot cm^{-2}$。电解液为 1.0 $mol \cdot L^{-1}$ $KHCO_3$(pH=8.8)。

3.1 FePc/ZIF 单原子电催化剂的制备

2,3,7,8,12,13,17,18-八氰基酞菁镍铁(FePc-CN)分子的合成基于文献报道的方法并进行了修改。具体如下:将 TCB(14.2 mmol)和 Fe(OAc)$_2$(4.23 mmol)加入到 50 mL 环丁砜中,并加入几滴 DBU 引发剂,在 Ar 气氛中升温到 135 ℃保持 2 h。将反应物滴加到甲醇中析出产物并收集,得到深绿色固体,用乙醚洗涤并干燥。最后,用甲醇进行索氏提取,然后用 DMF 过滤,并在旋转蒸发后干燥,获得纯化的产物。吸收光谱如图 3-1 所示。

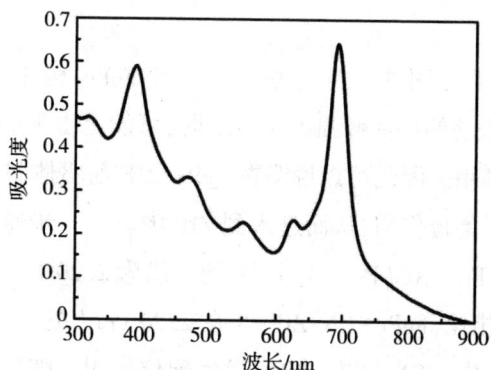

图 3-1　FePc-CN 分子在 DMF 溶液中的吸收光谱

　　图 3-2 为以 FePc 或者 FePc-CN 分子为前驱体制备 Fe-N/C 单原子电催化剂的示意图。首先,向 250 mL 圆底烧瓶中加入 6 mmol Zn(NO$_3$)$_2$·6H$_2$O 和 120 mL 甲醇。随后,将溶于 30 mL 甲醇中的 24 mmol 2-甲基咪唑添加到 Zn(NO$_3$)$_2$ 溶液中。将溶解在 10 mL DMF 中的 0.10 mmol MePc 分子的溶液滴加到上述溶液中。混合溶液以 300 r·min^{-1} 的速度搅拌 18 h,然后以 8000 r·min^{-1} 的速度离心收集沉淀物,依次用 DMF 和甲醇洗涤。最后,沉淀物用冻干法进行干燥。得到的粉末以 5 ℃·min^{-1} 的升温速率加热至 1000 ℃,并在 Ar 气氛中保持 3 h。冷却至室温后可以直接使用无须后处理。在同样条件下,将 FePc 分子替换为 Fe(acac)$_3$、Fe(NO$_3$)$_3$、FePc-CN 分子制备出一系列电催化剂。

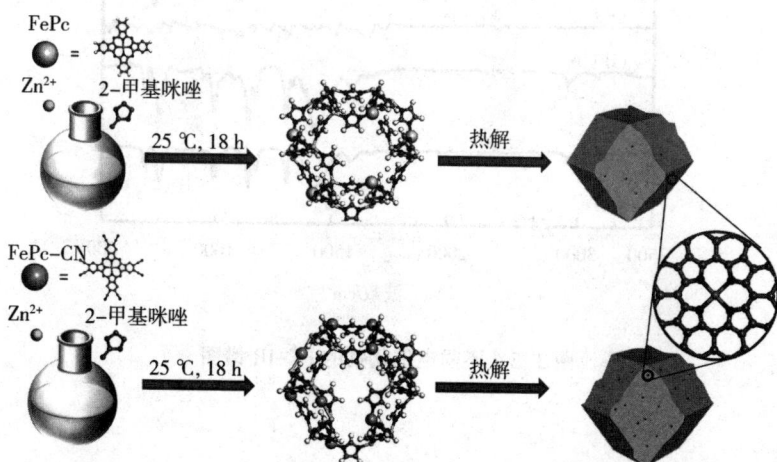

图 3-2　以 FePc 或者 FePc-CN 分子为前驱体制备 Fe-N/C 单原子电催化剂的示意图

通过 FT-IR 谱图(图 3-3)分析可知,与 FePc 相比,FePc/ZIF-8 在 890 cm^{-1} 处 Fe—N 振动的特征峰强度明显减弱,可能是由于 FePc 和 2-甲基咪唑之间发生了配位作用。因此可以说明在 FePc/ZIF 前驱体制备中,FePc 与 2-甲基咪唑之间发生了配位作用,从而进入到 ZIF 中。进一步通过热解转化为单原子电催化剂,记作 Fe-SAC(Pc),其中 Fe 的含量为 2.20%。

而与 FePc-CN 相比,FePc-CN/ZIF-8 在 2224 cm^{-1} 处的—CN 峰强度显著降低,表明 FePc-CN 中—CN 与 Zn^{2+} 之间发生配位作用。随后的高温处理可以将其转化为单原子电催化剂,记作 Fe-SAC(Pc-CN)。在 FePc-CN/ZIF-8 制备过程中,FePc-CN 分子中心的 Fe 可以与 2-甲基咪唑中的 N 进行配位而进入到 ZIF-8 的结构中。与此同时,—CN 与 Zn 离子的配位作用有利于 FePc 分子进一步引入到 ZIF-8 的结构中,因此制备的 Fe-SAC(Pc-CN)中的金属负载量比 Fe-SAC(Pc)中的更高。以上分析表明,—CN 修饰的分子更有利于 FePc 进入到 ZIF-8 结构中,从而获得高含量的 Fe-N/C 结构的单原子电催化剂。

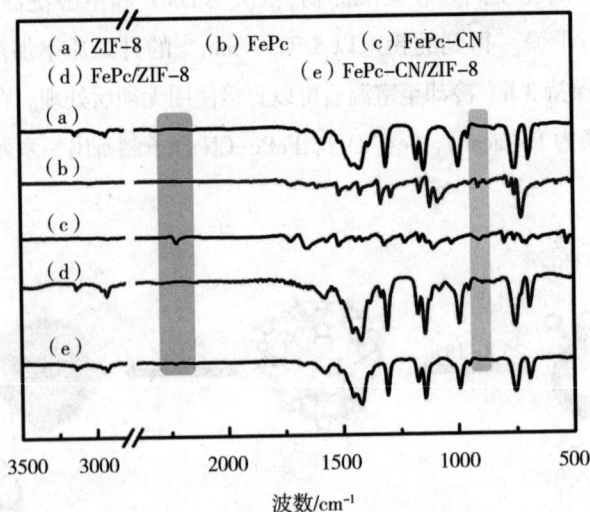

图 3-3 不同电催化剂的 FT-IR 谱图

3.2　单原子电催化剂的形貌表征

3.2.1　单原子电催化剂的形貌

首先,通过 XRD 表征了 ZIF-8 前驱体和高温热解后生成的 Fe-N/C 电催化剂的物相(图 3-4)。热解前的样品保持了 ZIF-8 的晶体结构,而热解后的产物在 24.8°和 44.1°处显示两个主要衍射峰,分别对应 C 的(002)晶面和(101)晶面。热解后的产物中除了 C 的衍射峰外,没有观察到 Fe 的衍射峰,表明电催化剂中无金属颗粒生成。

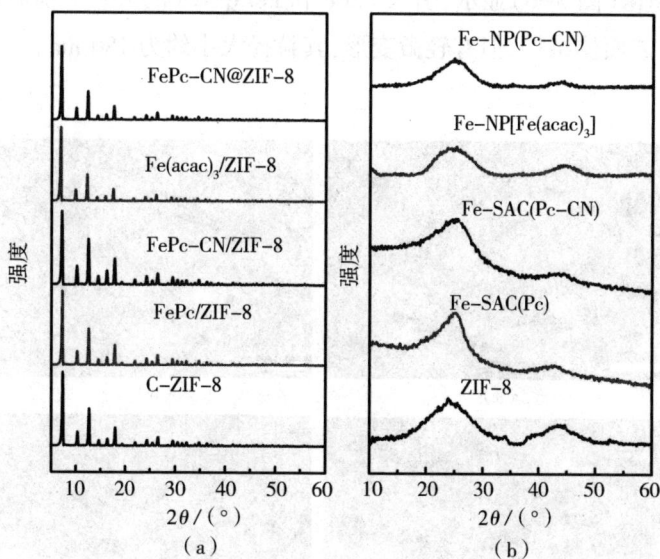

图 3-4　ZIF 前驱体及热解制备的电催化剂的 XRD 图

进一步对热解后的电催化剂的比表面积及孔径分布进行测量。与纯 ZIF-8 热解后的 N 掺杂碳材料的比表面积相比,其他电催化剂均有所减小。例如,ZIF-8 热解后的比表面积为 1457.9 $m^2 \cdot g^{-1}$,而 FePc-CN/ZIF-8 的比表面积为 1168.4 $m^2 \cdot g^{-1}$。这可能是金属前驱体在热解过程中 ZIF-8 结构进一步坍塌所致。热解后的多孔结构以微孔占主导(图3-5)。

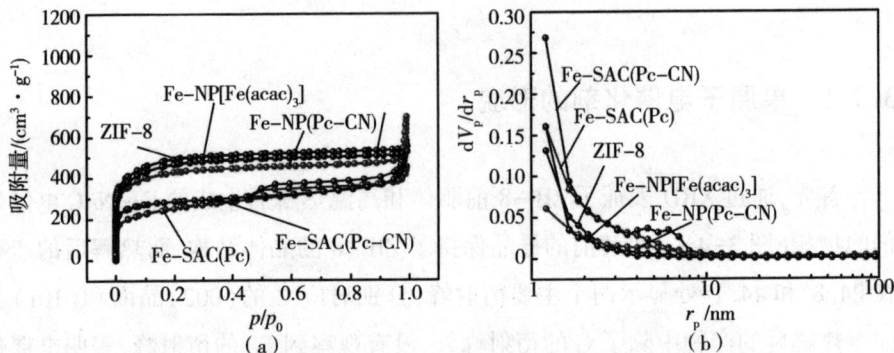

图 3-5 不同电催化剂的 N_2 吸附-脱附曲线及孔径分布

TEM 图像(图3-6)显示,引入 FePc 和 FePc-CN 的 ZIF-8 前驱体保留了纯 ZIF-8 的十二面体结构,但有轻微变形,其粒径大小约为 180 nm。

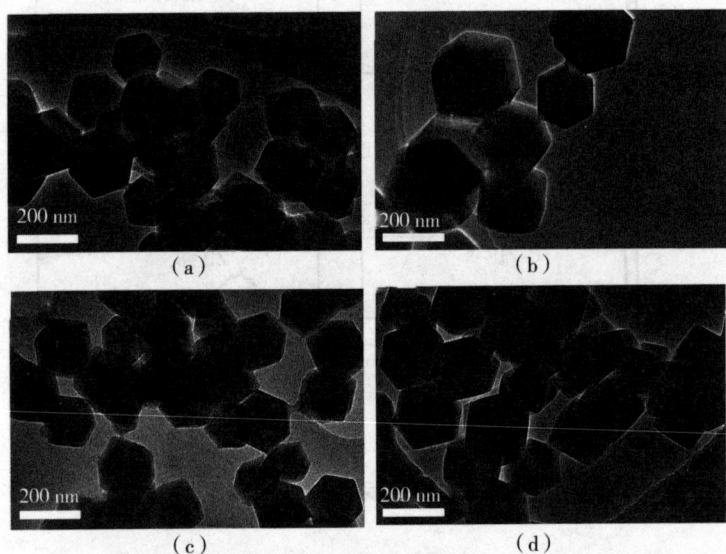

图 3-6 单原子电催化剂 ZIF 前驱体的 TEM 图像

通过 TEM 观察,在高温处理后的样品 Fe-SAC(Pc)中没有发现金属 Fe 颗粒,如图 3-7(a)所示。热解后的产物尺寸相同,但十二面体结构发生变形,这可能是在高温过程中 FePc 分子分解造成的。以 Fe-SAC(Pc)为例,在磁铁吸附时没有观察到电催化剂吸附在磁铁上,说明无明显磁性金属颗粒生成,如图 3-7(b)所示。

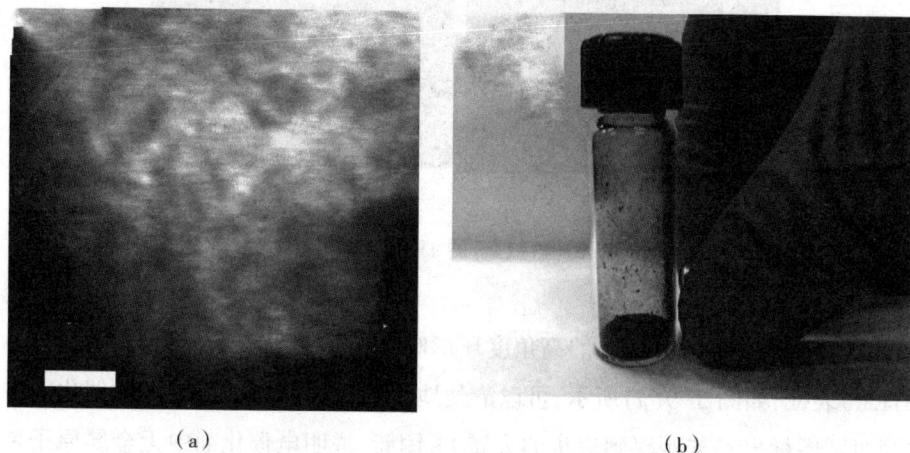

(a)　　　　　　　　　　　　　　(b)

图 3-7　Fe-SAC(Pc)的(a)TEM 图及(b)磁铁吸附实验

而在 Fe-SAC(Pc-CN)的 TEM 图中也没有发现金属 Fe 颗粒,如图 3-8(a)所示。EDS 谱表明,Fe-SAC(Pc-CN)中 C、Fe 和 N 元素均匀分布在电催化剂中,如图 3-8(b)~(d)所示。

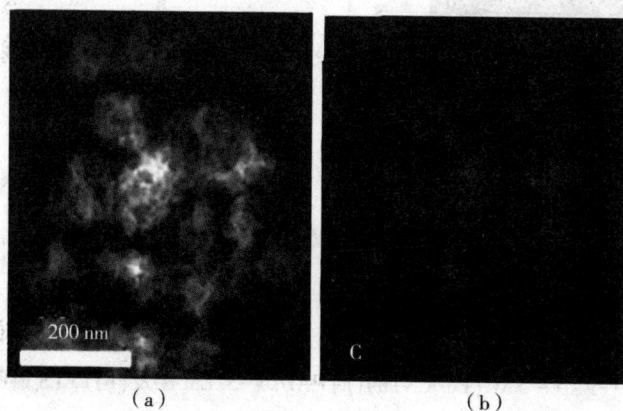

(a)　　　　　　　　　　　　　　(b)

31

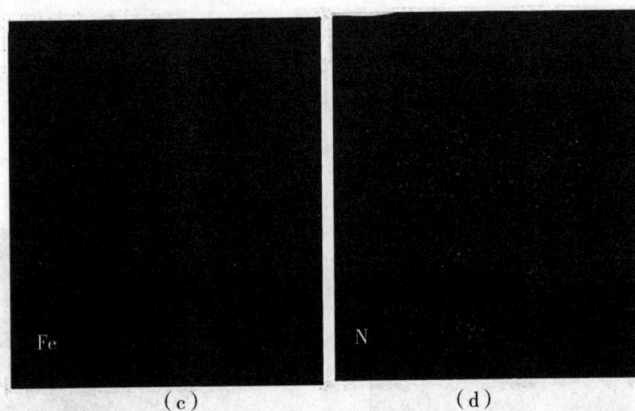

图 3-8　(a)Fe-SAC(Pc-CN)的 TEM 图和(b)～(d)EDS 谱图

　　进一步通过原子分辨率的高角度环形暗场扫描透射电子显微镜(HAADF-STEM)表征,如图 3-9(a)所示,可以清楚地识别出金属原子分散在电催化剂中(通过圆圈标出),未观察到聚集的金属 Fe 团簇,说明电催化剂中无金属原子聚集。为了进一步证实 TEM 图中的亮点为 Fe 元素,对图中右下角部分进行 EELS 表征,结果观测到 Fe^{2+} 的 2L 峰,表明这些单原子属于 Fe 元素,如图 3-9(b)所示。

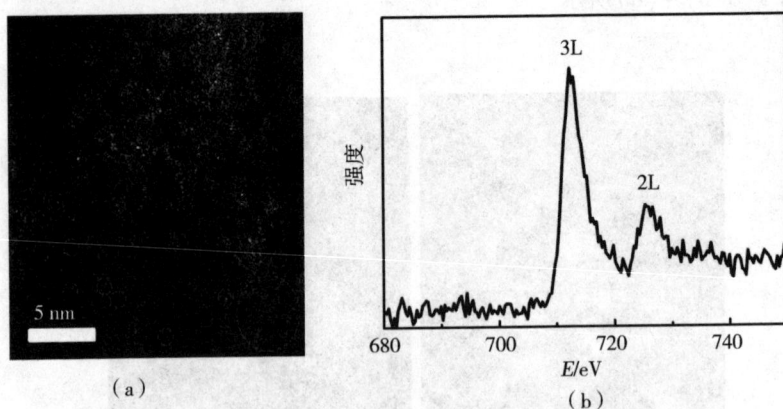

图 3-9　Fe-SAC(Pc-CN)的(a)HADDF-STEM 图及(b)EELS 谱图

　　相反,通过相同方法在 Fe-NP[Fe(acac)₃]中观察到明显的 Fe 聚集,即图中箭头标注的颗粒,如图 3-10 所示。

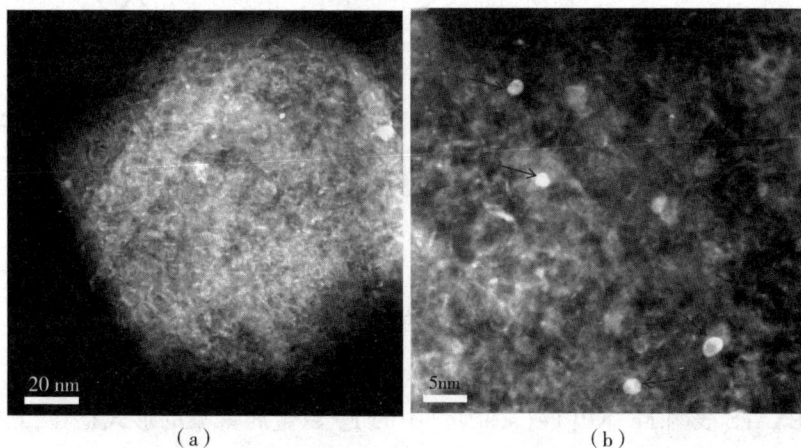

（a）　　　　　　　　　　　　　　（b）

图 3-10　Fe-NP[Fe(acac)₃]电催化剂的 TEM 图

3.2.2　单原子电催化剂的电子结构

　　为了进一步表征电催化剂中 Fe 的化学状态及配位环境,笔者对样品进行了 XAS 测试(图 3-11)。在 Fe 的 K 边 XANES 谱图中,Fe-SAC(Pc-CN)的近边位于 Fe_2O_3 和 FeO 之间,这与文献报道的无机盐 Fe 前驱体制备的 Fe-N/C 电催化剂相似。Fe-SAC(Pc-CN)的 K 边 XANES 与参比样品 FePc 的基本重叠,表明 Fe-SAC(Pc-CN)中的 Fe 价态与 FePc 类似,这与 EELS 的表征结果一致。而在对配位环境敏感的 EXAFS 谱图中,Fe-SAC(Pc-CN)中的第一个壳层(1 Å< R <2 Å)与 FePc 的重叠,表明存在类似的 $Fe-N_4$ 结构单元。与 Fe 金属中的 Fe—Fe 成键形式相比,在 2.2 Å 处不存在明显的 Fe—Fe 配位结构。这也说明 Fe-SAC(Pc—CN)中不存在 Fe 金属团簇。而 C-FePc/ZIF-8 中 Fe 的 K 边 EAXFS 与 C-FePc-CN/ZIF-8 重叠,且 Fe-SAC(Pc)的 EXAFS 中同样不存在 Fe—Fe 配位结构,表明该电催化剂中 Fe 也以 $Fe-N_4$ 单原子结构存在。因此,本章以 FePc 及 FePc-CN 为前驱体,在高温热解条件下成功制备了单原子电催化剂。

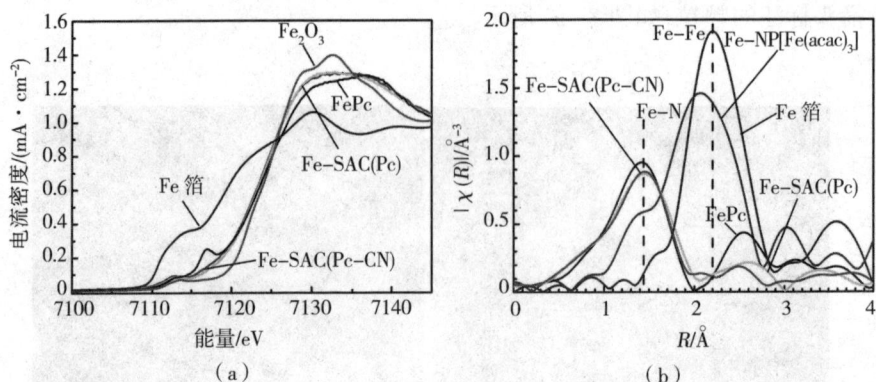

图 3-11　不同的电催化剂中 Fe 的(a)K 边 XANES 及(b)EXAFS 谱图

EXAFS 表明 Fe-NP[Fe(acac)₃] 中的 Fe 以金属聚集的形式存在,其中 Fe 的含量为 0.36%。这些结果说明 Fe(acac)₃ 通过物理尺寸限域在 ZIF 里,引入的金属含量低。通过 ZIF-8 将 Fe(acac)₃ 分子限制在多孔结构中,进一步热解制备的电催化剂有明显的 Fe 颗粒生成。这说明在 ZIF-8 结构中依靠其多孔结构的物理作用在高温条件下不足以限制 Fe 的聚集,具有 Fe-N₄ 结构的酞菁铁分子在高温下构筑单原子电催化剂具有明显的优势,可以避免高温下金属颗粒的聚集。笔者进一步通过 TGA 来研究 Fe(acac)₃ 及 FePc-CN 分子在高温条件下的稳定性(图 3-12)。TGA 曲线表明,FePc-CN 的热稳定性比 Fe(acac)₃ 更好。

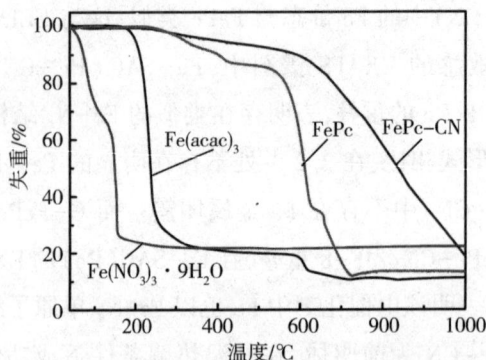

图 3-12　不同金属前驱体的电催化剂的 TGA 曲线

因此，与 FePc-CN 分子相比，Fe(acac)$_3$ 在高温处理下更容易分解，即在制备单原子电催化剂的过程中易形成金属 Fe 的聚集体。相比之下，FePc 或 FePc-CN 分子具有更好的热稳定性，并且在热处理过程中 FePc 及 FePc-CN 分子中心的 Fe 与咪唑之间的配位可以进一步阻止 Fe 的聚集。

3.3　单原子电催化剂的 ORR 催化性能

3.3.1　碱性条件下的 ORR 性能

为了评估所制备电催化剂的 ORR 性能，笔者首先在 0.1 mol·L^{-1} O$_2$ 饱和的 KOH 溶液中进行了 RDE 的 LSV 测试。如图 3-13(a)所示，由 FePc 分子制备的电催化剂比纯 ZIF-8 热解后的 N 掺杂碳材料和以 Fe(acac)$_3$ 为前驱体制备的电催化剂具有更高的催化活性。其中，Fe-SAC(Pc-CN) 的 $E_{1/2}$ 为 0.901 V，优于 Fe-SAC(Pc)(E$_{1/2}$ = 0.881 V) 和 Fe-NP[Fe(acac)$_3$](E$_{1/2}$ = 0.862 V)。与此同时，Fe-SAC(Pc-CN) 的极限电流密度也大于 Fe-SAC(Pc) 和 Fe-NP[Fe(acac)$_3$]。这说明 Fe-SAC(Pc-CN) 在碱性溶液中具有更好的 ORR 活性。笔者通过 RRDE 研究了 ORR 过程中电子转移数的途径。如图 3-13(b)所示，Fe-NP(Pc-CN) 的电子转移数在 0.2～0.9 V 的范围内均大于 3.93，这表明 Fe-NP(Pc-CN) 在催化反应中产物主要为 OH$^-$。这表明，在 ORR 过程中，Fe-N 更有利于四电子转移。

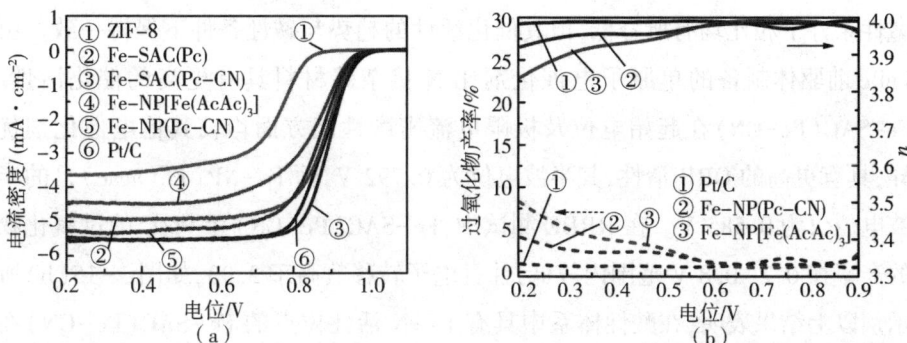

图 3-13　不同电催化剂在碱性电解液中的(a)LSV 曲线、(b)过氧化物产率及电子转移数曲线

稳定性也是催化剂性能表征的一个重要方面。Fe-SAC(Pc-CN)在10000次CV循环前后的$E_{1/2}$仅衰减11 mV,表明其在碱性溶液中具有良好的催化稳定性,如图3-14(a)所示。Fe-NP[Fe(acac)$_3$]在10000次CV循环前后的$E_{1/2}$衰减了约32 mV,如图3-14(b)所示。在相同条件下,Fe-SAC(Pc-CN)的稳定性优于Pt/C(10000次CV循环前后衰减了44 mV)。这表明,FePc制备的单原子电催化剂在碱性条件下对ORR表现出了优异的稳定性。

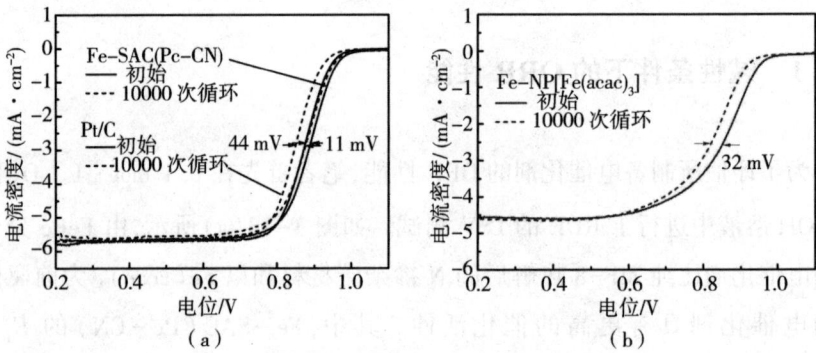

图3-14 Fe-SAC(Pc-CN)、Pt/C和Fe-NP[Fe(acac)$_3$]
10000次CV循环前后的LSV曲线

3.3.2 酸性条件下的ORR性能

笔者进一步研究了这些单原子电催化剂在0.1 mol·L^{-1} O$_2$饱和HClO$_4$中的催化性能,如图3-15(a)所示。在酸性条件下,所制备的电催化剂的活性与碱性条件下相比均有所降低,但其催化活性的趋势与碱性条件下保持一致。由FePc前驱体制备的单原子电催化剂比N掺杂碳材料具有更高的催化活性。Fe-SAC(Pc-CN)在起始电位及极限电流密度性能方面均较其他电催化剂优异,具有更高的ORR活性,其半波电位为0.792 V,而Fe-NP[Fe(acac)$_3$]的半波电位仅为0.585 V。在RRDE测试中,Fe-SAC(Pc-CN)和Pt/C的过氧化物的产率在0.2~0.8 V范围内较低,并且电子转移数高于3.93,如图3-15(b)所示。以上结果表明,在酸性体系中具有Fe-N活性位点的Fe-SAC(Pc-CN)在ORR过程中具有四电子转移特性。Fe-NP[Fe(acac)$_3$]在0.2~0.7 V范围内的过氧化物产率从 2.5% 增加到 12.5%。这表明,具有 Fe-N 结构的 Fe-SAC(Pc-CN)较 Fe-NP[Fe(acac)₃]在酸性体系中具有更高的四电子选择性,可以有效避免过氧化物的产生。

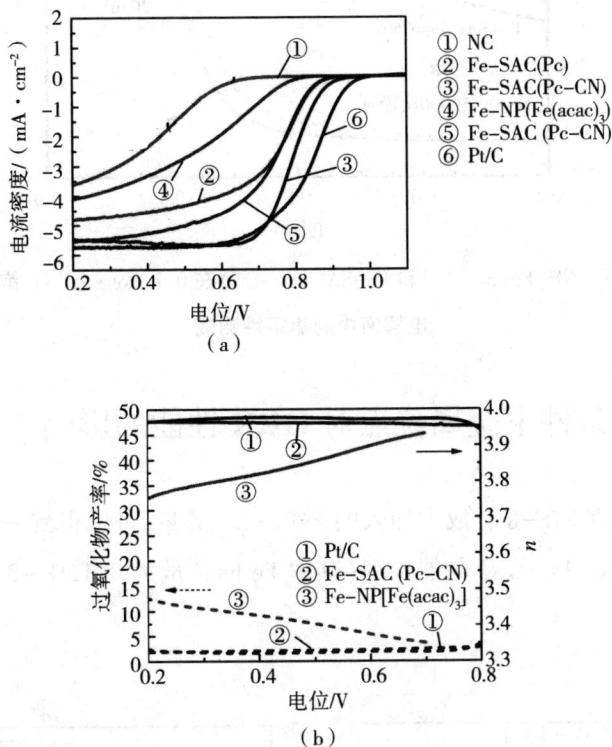

图 3-15　不同电催化剂在 $0.1\ mol \cdot L^{-1}\ O_2$ 饱和 $HClO_4$ 电解液中的

(a)LSV 曲线、(b)过氧化物产率及电子转移数曲线

稳定性方面,在 10000 次 CV 循环后 Fe-NP[Fe(acac)₃]的 $E_{1/2}$ 负移了 51 mV(图 3-16),因此,金属 Fe 颗粒在酸性体系中不稳定。而在本章中,通过酞菁铁制备的单原子电催化剂展现了优异的催化性能,说明 Fe-N 位点在酸性体系中具有优异的催化活性。以 FePc-CN 为前驱体制备的 Fe-SAC(Pc-CN)经历 10000 次 CV 循环后的 $E_{1/2}$ 负移了 20 mV,说明其稳定性要优于 Fe-NP[Fe(acac)₃]。

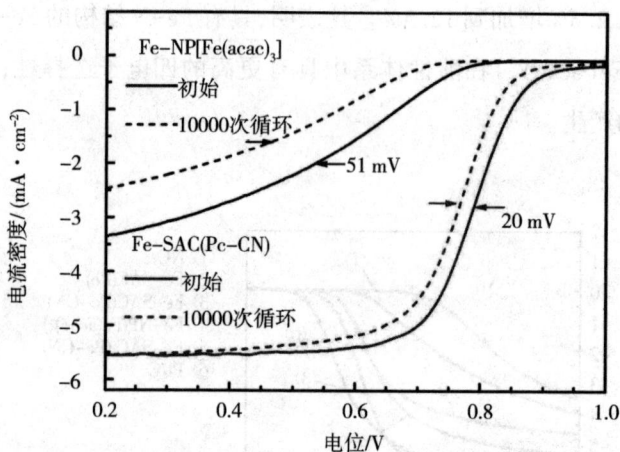

图 3-16 Fe-NP[Fe(acac)₃]和 Fe-SAC(Pc-CN)在 0.1 mol·L^{-1} O₂ 饱和 HClO₄
电解液中的稳定性测试

3.4 酸性条件下金属位点对 ORR 性能的影响

通过控制在 ZIF-8 合成中加入的 FePc-CN 的量,可以得到一系列不同 Fe
含量的 Fe-SAC(Pc-CN)电催化剂(其中 Fe 的含量为 0.12% ~ 3.16%),如图
3-17 所示。

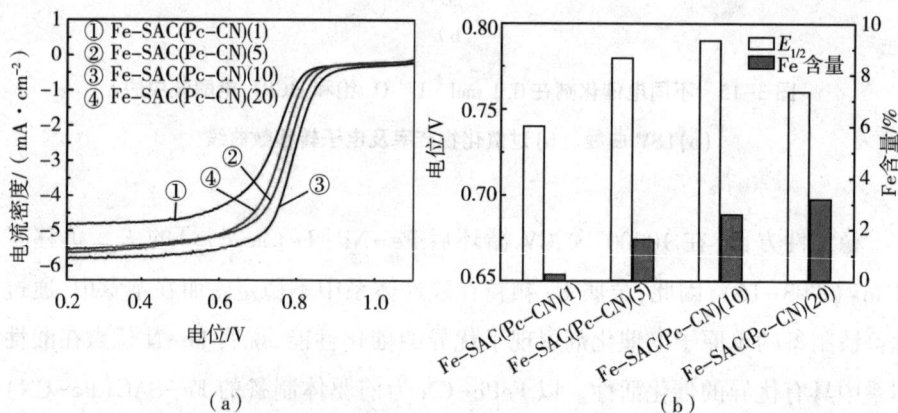

图 3-17 不同 Fe 含量前驱体制备的 Fe-SAC(Pc-CN)在 0.1 mol·L^{-1} O₂ 饱和 HClO₄ 中的
LSV 曲线及 Fe 含量与 $E_{1/2}$ 的关系

图 3-18 显示了在酸性体系中 $E_{1/2}$ 及在 0.75 V 下的 J_k 与 Fe 含量关系图。$E_{1/2}$ 和 J_k 一般随着电催化剂中 Fe 含量的增加而增加。Fe-NP[Fe(acac)$_3$]（0.364%）和 Fe-SAC(S)（0.351%）中的 Fe 含量远低于 Fe-SAC(Pc-CN)（2.60%），这解释了 Fe-NP[Fe(acac)$_3$]和 Fe-SAC(S)活性较低的原因。以上数据分析表明，FePc 分子更易于进入 ZIF 框架结构中，从而有利于电催化剂中活性位点的增加。值得注意的是，尽管 Fe-SAC(S)的 Fe 含量与 Fe-NP[Fe(acac)$_3$]相似，但其催化活性更高。Fe-SAC(S)的 $E_{1/2}$ 为 0.75 V，较 Fe-NP[Fe(acac)$_3$]的 $E_{1/2}$ 正移 160 mV。以上分析进一步证明具有单原子 Fe-N 位点的 Fe-SAC(S)较具有金属 Fe 颗粒的 Fe-NP[Fe(acac)$_3$]的活性更高。

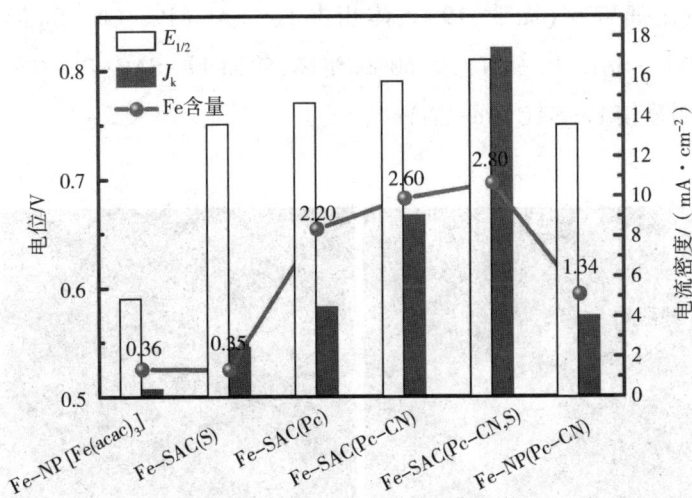

图 3-18　酸性体系中制备的电催化剂金属含量与活性间的关系

笔者进一步通过 XPS 研究样品的表面成分。由于 Fe 含量低，因此无法准确地直接对 Fe 进行 XPS 谱表征。Fe-SAC(Pc-CN)中的 N 含量与 Fe-SAC(Pc)和 Fe-SAC(S)相似。N 1s 峰可分为 4 种 N 类型：吡啶 N（398.5 eV）、Fe-N（399.6 eV）、石墨 N（400.9 eV）和氧化 N（402.9 eV）。其中，C-FePc-CN/ZIF-8 中的 Fe-N 含量为 0.310%，高于 C-FePc/ZIF-8（0.241%）和 Fe-SAC(S)（0.181%）。通过对比发现，Fe-SAC(S)与 Fe-NP[Fe(acac)$_3$]具有相似的 Fe 含量。但 Fe-SAC(S)通过 XPS 分析测得的表面 Fe-N 含量却高于

Fe-NP[Fe(acac)$_3$](0.02%),ORR 中的催化活性与电催化剂表面的活性位点数目相关,因此 Fe-SAC(S)的活性明显更高。

以上结果表明,ORR 活性与电催化剂表面 Fe-N 含量(或 Fe 含量)高度相关。因此,增加电催化剂表面的单原子活性位点的数量可以有效提高 ORR 的催化活性。以 Fe(NO$_3$)$_3$/ZIF-8 为前驱体制备的 Fe-SAC(S)表面的 Fe-N 含量与体相中 Fe 含量的相对较高,表明与基于 FePc 的分子制备的单原子电催化剂相比,Fe(NO$_3$)$_3$ 可以促进表面 Fe 元素的富集。

受以上发现启发,笔者在 ZIF-8 合成过程中将 Fe(NO$_3$)$_3$ 和 FePc-CN 混合,进一步制备了 Fe-SAC(Pc-CN, S)来增加表面的 Fe-N 位点数量。在 Fe-SAC(Pc-CN, S)的 STEM 图中可以清楚地观察到单个金属 Fe 原子,而没有观察到聚集的金属颗粒(图 3-19)。体相中 Fe-SAC(Pc-CN, S)的 Fe 含量(2.80%)比 Fe-SAC(Pc-CN)(2.60%)略高,然而 Fe-SAC(Pc-CN, S)表面 Fe-N 含量明显较 Fe-SAC(Pc-CN)高。

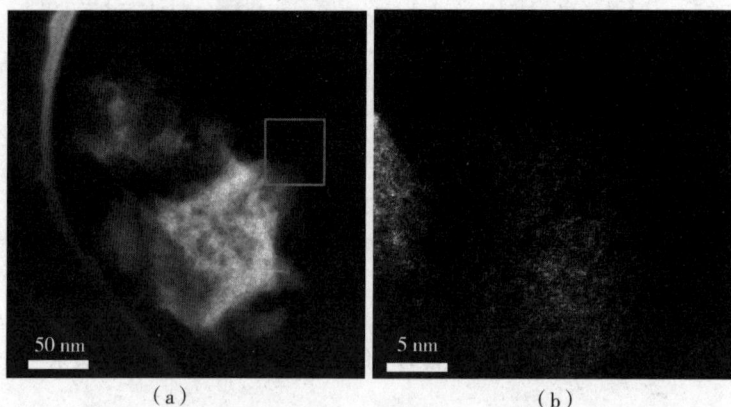

(a) (b)

图 3-19 Fe-SAC(Pc-CN, S)的 STEM 图

在 0.1 mol·L^{-1} O$_2$ 饱和的 HClO$_4$ 中,Fe-SAC(Pc-CN, S)的半波电位提高到 0.81 V,比 Fe-SAC(Pc-CN)正移了 19 mV,这得益于表面有更多的 Fe-N 活性位点(图 3-20)。在 10000 次 CV 循环稳定测试后,Fe-SAC(Pc-CN, S)仅衰减 23 mV,优于 Fe-SAC(S)。

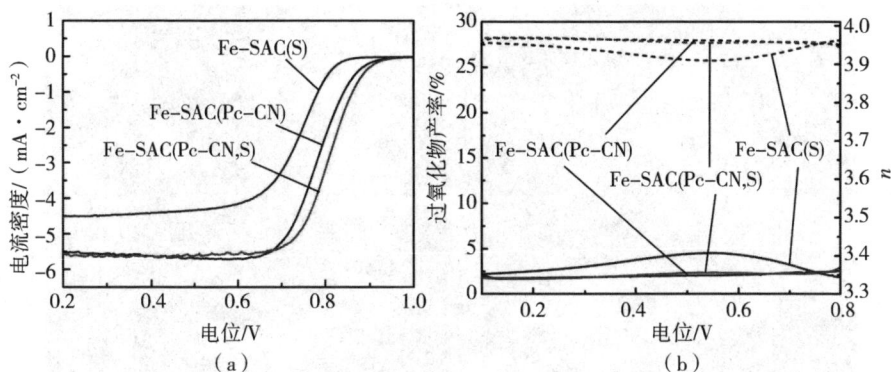

图 3-20　不同电催化剂在 $0.1\ mol \cdot L^{-1}\ O_2$ 饱和 $HClO_4$ 电解液中的
(a)LSV 曲线、(b)过氧化物产率及电子转移数曲线

STEM 测试也可以揭示 Fe 单原子在电催化剂样品中的分布情况。如图 3-21(a)所示，在 Fe-SAC(S)中的 Fe 单原子数在散焦增加下逐渐减少，而 Fe-SAC(Pc-CN)中的 Fe 原子数随着散焦增加并没有发生明显变化，如图 3-21(b)所示。这表明 Fe-SAC(Pc-CN)中 Fe 单原子较均匀地分布在电催化剂中，而以 Fe^{3+} 为前驱体制备的电催化剂样品 Fe 单原子主要在电催化剂的表面富集。通过 $Fe(NO_3)_3$ 及 FePc-CN 前躯体的共同作用所制备的 Fe-SAC(Pc-CN,S)中也存在一定的表面富集，但没有 Fe-SAC(S)明显，如图 3-21(c)所示。

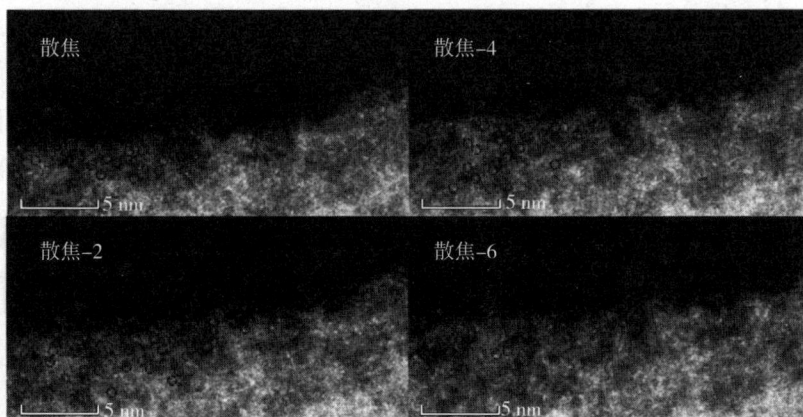

(a)

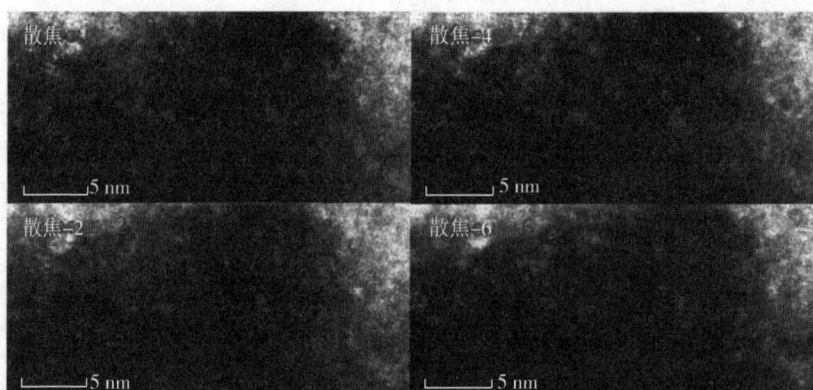

（b）

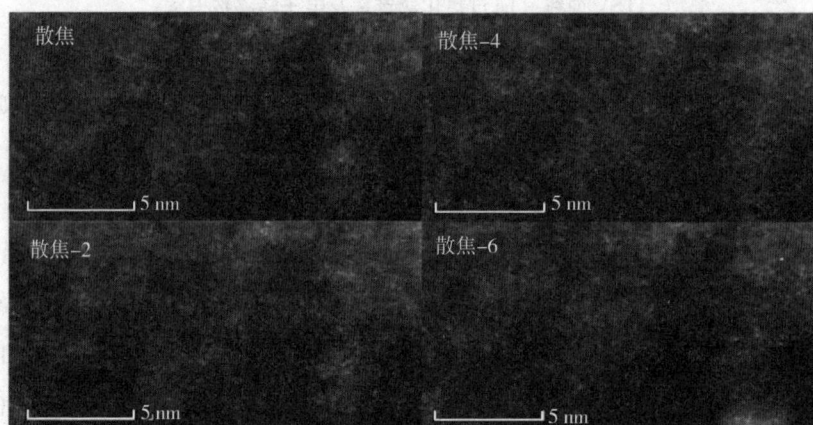

（c）

图 3-21　不同散焦下的 STEM 图

（a）Fe-SAC（S）；（b）Fe-SAC（PC-CN）；（c）Fe-SAC（PC-CN,S）

除了在酸性溶液中显示出高活性外，Fe-SAC（Pc-CN, S）在碱性条件下也显示出高活性（$E_{1/2}$ = 0.91 V），并且在碱性条件下也具有很好的稳定性（10000次 CV 循环稳定性测试后，$E_{1/2}$ 仅负移 9 mV），其性能优于 Fe-SAC（S），如图 3-22 所示。

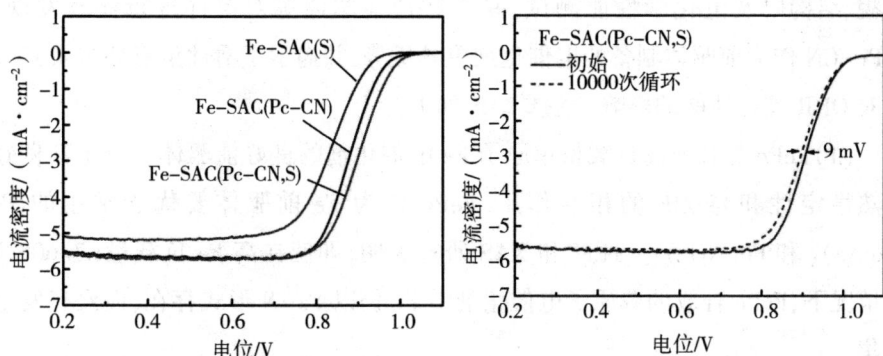

图 3-22　不同电催化剂在 0.1 mol·L^{-1} KOH 中的 LSV 曲线

笔者通过 Tafel 斜率进一步比较了不同电催化剂的活性及反应速率决速步骤。在低过电势下,Fe-SAC(Pc-CN, S)的 Tafel 斜率为 57 mV·dec^{-1}(碱性)和 59 mV·dec^{-1}(酸性),接近于 60 mV·dec^{-1}(图 3-23)。与文献对比表明,氧气还原发生的第一个电子转移是 Fe-SAC(Pc-CN, S)的决速步骤。

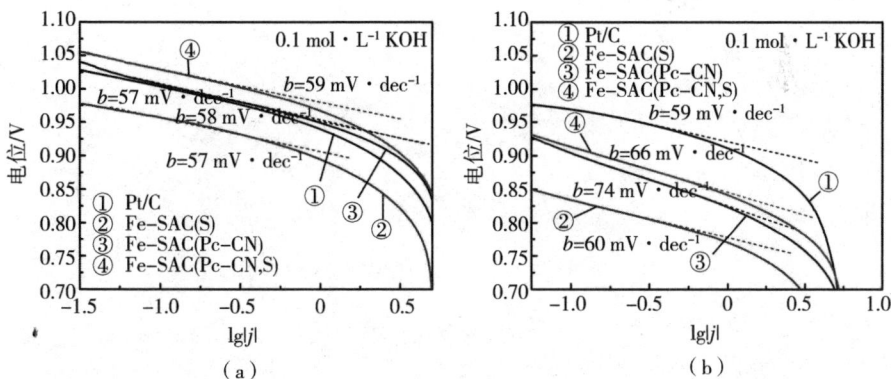

图 3-23　不同电催化剂在碱性及酸性体系中的 Tafel 曲线

3.5　本章小结

本章以 FePc 及 FePc-CN 为前驱体,通过配位作用引入 ZIF-8 中,进一步热解制备了具有 Fe-N/C 结构的单原子电催化剂。通过对所制备电催化剂的形貌、结构以及电化学性能测试,并与铁盐前驱体等对照样进行比较发现,FePc-CN 作为前驱体制备的电催化剂更具优势,并揭示了活性位点数量及其分布对 ORR 催化性能的影响。主要结论如下:

(1)FePc 是合成高负载量单原子 Fe 电催化剂的良好前驱体。由于其良好的热稳定性和与 ZIF 的相互作用,FePc 作为 Fe 前驱体要优于常用的 $Fe(AcAc)_3$ 和 $Fe(NO_3)_3$。TEM 和 XAS 研究表明,即使在高 Fe 负载量(2.60%)的情况下,FePc 合成的单原子电催化剂中 Fe 仍以 Fe-N 形式存在,而没有发生聚集。

(2)FePc-CN 可以促进分子进入到 ZIF 的结构中,并在热解得到的碳载体中形成更多的 Fe-N 活性位点,从而实现更好的催化性能。

(3)ORR 活性与电催化剂表面的 Fe-N 位点相关,并且 $Fe(NO_3)_3$ 可以促进活性位点在电催化剂表面的富集。因此,以 $Fe(NO_3)_3$ 和 FePc-CN 作为共同前驱体制备的电催化剂展示了较好的 ORR 催化性能,在碱性和酸性条件下的 $E_{1/2}$ 分别达到 0.91 V 和 0.81 V。

第4章 金属酞菁构筑单原子电催化剂及其 CO₂RR 性能研究

具有 M-N/C 结构的非贵金属单原子电催化剂因在 CO_2RR 中具有良好的催化性能而受到关注。但是,M-N/C 单原子电催化剂在大电流密度下的选择性仍然难以满足需求。为了解决以上问题,本章利用第 3 章中提出的单原子电催化剂的制备方法,将氰基取代的不同金属酞菁分子(MePc-CN)(Me=Fe、Co、Ni)通过配位作用引入 ZIF 中,进一步热解制备了一系列单原子电催化剂。通过对比,研究金属盐与金属酞菁以及不同金属中心制备的单原子电催化剂对 CO_2RR 催化性能的影响。

4.1 MePc-CN 单原子电催化剂的制备

4.1.1 不同金属中心单原子电催化剂的制备

首先采用前面介绍的 FePc-CN 的合成方法进一步合成出 CoPc-CN 以及 NiPc-CN。然后通过 2-甲基咪唑与 MePc-CN 以及氰基与 Zn^{2+} 之间的配位作用将 MePc-CN 分子引入 ZIF-8 的结构中。MePc-CN/ZIF 前驱体在 1000 ℃下热解生成 Me-SAC(Pc-CN)(图 4-1)。同时,将 MePc-CN 用相应的金属硝酸盐如 $Fe(NO_3)_3$、$Co(NO_3)_2$、$Ni(NO_3)_2$ 代替,以制备 Me-SAC(Pc-CN)的方法制备具有不同金属中心的 Me-SAC(S)样品。

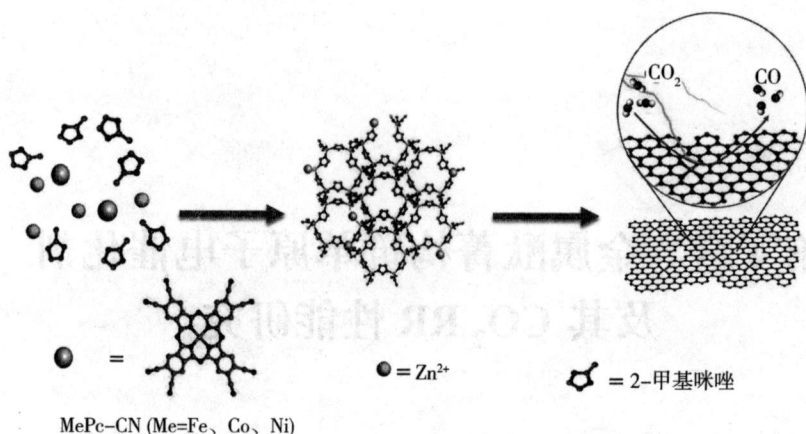

MePc-CN (Me=Fe、Co、Ni)　　　　= Zn²⁺　　　= 2-甲基咪唑

图 4-1　不同金属中心的 Me-SAC(Pc-CN)制备流程图

4.1.2　不同金属中心单原子电催化剂的结构

电催化剂的前驱体是在甲醇溶液中制备的(Me∶Zn∶2-MeIM 物质的量比为 0.1∶5.9∶24),并将不同种类的金属前驱体引入 ZIF-8 结构中。高温处理前,MePc-CN/ZIF 中的金属含量(0.60%)明显高于金属硝酸盐制备的 Me-ZIF 中的含量(<0.10%),表明 MePc-CN 通过配位作用更容易进入到 ZIF-8 的骨架结构中。因此,在高温处理后 Me-SAC(Pc-CN)中的金属含量均达到 2.20%,并且金属含量不随金属中心的变化而改变。Me-SAC(S)中的金属含量随着金属中心的不同而改变,Fe-SAC(S)中 Fe 含量为 0.26%,Co-SAC(S)中 Co 含量为 0.56%,Ni-SAC(S)中 Ni 含量为 0.10%。这进一步表明,MePc-CN 在其合成过程中可以有效进入到 ZIF 的框架结构中,而金属硝酸盐则不容易被 ZIF-8 包裹。此外,不同的金属离子与 2-甲基咪唑的配位作用会显著影响其在 ZIF-8 中的结合,从而导致金属负载量随金属中心的不同而发生改变。

笔者通过 XRD 表征了前驱体和高温热解后生成的电催化剂的结构(图 4-2)。热解前的样品保持了 ZIF-8 的晶体结构,MePc-CN 或金属盐进入到 ZIF 结构中不会引起晶体结构较大的变化。而经过高温处理后,前驱体材料中的 ZIF 被转化为 N 掺杂碳材料。热解后的产物在 24.8°和 44.1°处显示两个主要衍射峰,分别对应 C 的(002)晶面和(101)晶面。XRD 图中未发现金属的衍射峰,表明电催化剂中无大的金属颗粒生成。

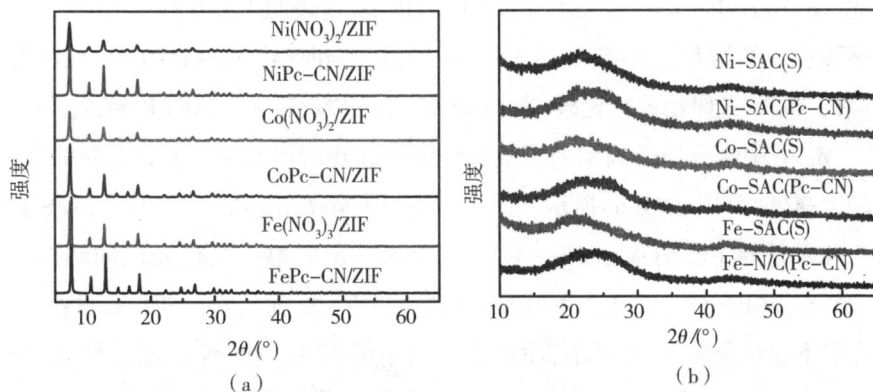

（a）　　　　　　　　　　（b）

图 4-2　以不同金属盐及氰基取代的金属酞菁为前驱体及热解后电催化剂的 XRD 图

　　图 4-3 的 TEM 图揭示了所获得的电催化剂的多孔结构。Me-SAC(Pc-CN)金属负载量高达 2.20%,但没有观察到金属颗粒的存在,如图 4-3(a)~(c)所示。这表明,在以金属酞菁为前驱体制备的电催化剂中的金属可能以 M-N/C 单原子的形式存在,然而在低金属含量的 Me-SAC(S)中也未观察到金属颗粒的生成,如图 4-3(d)~(f)所示。

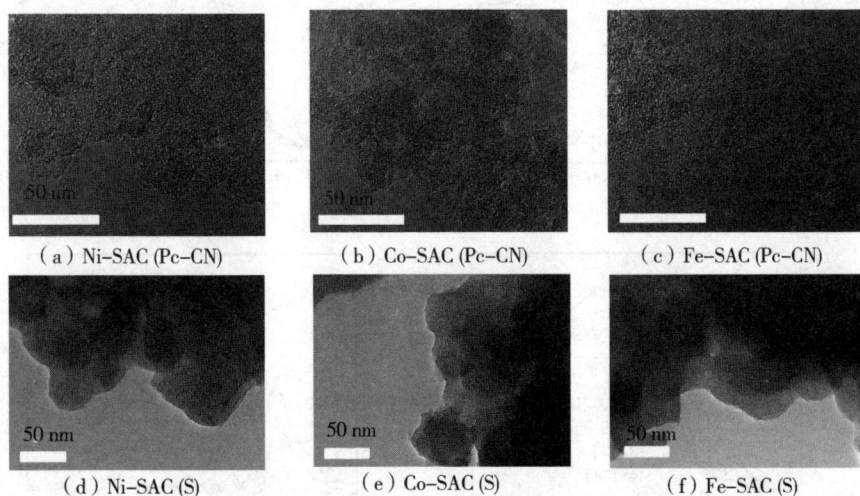

（a）Ni-SAC (Pc-CN)　　（b）Co-SAC (Pc-CN)　　（c）Fe-SAC (Pc-CN)

（d）Ni-SAC (S)　　（e）Co-SAC (S)　　（f）Fe-SAC (S)

图 4-3　不同金属中心的 Me-SAC(Pc-CN)及 Me-SAC(S)电催化剂的 TEM 图

为了进一步确定电催化剂中金属周围的电子结构和化学环境,笔者对样品进行了 XANES 和 EXAFS 测试(图 4-4)。与具有明确化学结构的 NiPc 参照物相比,Ni-SAC(Pc-CN)在 8341 eV 处的峰消失,这表明电催化剂中 Ni 原子周围的平面配位结构发生改变,如图 4-4(a)所示。同时,将 Me-SAC(Pc-CN)与其对应的 MePc 参照物进行比较,在 Co-SAC(Pc-CN)和 Fe-SAC(Pc-CN)中也发现了 MePc 中金属原子周围的平面配位结构在热解后发生了明显的扭曲变形,如图 4-4(b)和图 4-4(c)所示。图 4-4(d)中 Ni-SAC(Pc-CN)的 EXAFS 曲线在 1.4 Å 处的主峰对应于 Ni—N_4 位点中 Ni—N 的第一配位壳层的结构。而且,Ni-SAC(Pc-CN)在 2.1 Å 处没有明显的 Ni—Ni 配位峰,表明 Ni-SAC(Pc-CN)中不存在金属 Ni 的聚集,而电催化剂中的 Ni 以 Ni—N 的配位形式存在。Co-SAC(Pc-CN)和 Fe-SAC(Pc-CN)的 EXAFS 曲线表明金属主要以 Co—N 和 Fe—N 配位形式存在于电催化剂中,并且没有明显的 Co—Co 和 Fe—Fe 配位峰,如图 4-4(e)和图 4-4(f)所示。以上分析表明,在这些以金属酞菁为前驱体制备的电催化剂中,金属以 Me—N 形式存在,即所制备的电催化剂为单原子电催化剂。

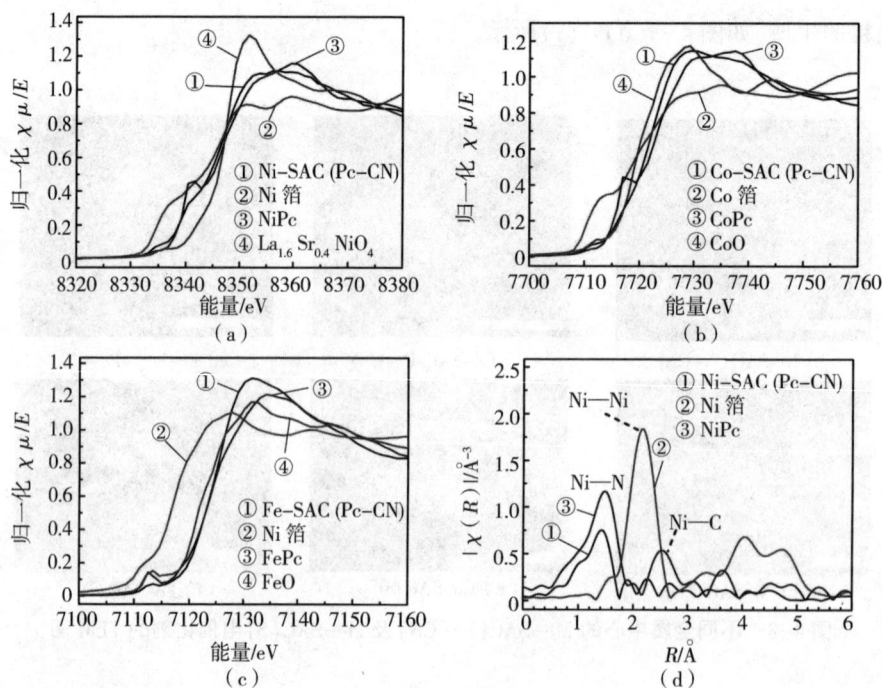

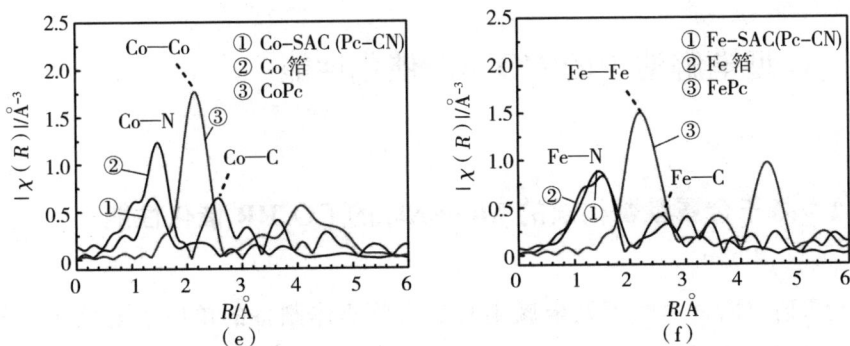

图 4-4　不同电催化剂中金属的 (a) ~ (c) K 边 XANES 及 (d) ~ (f) EXAFS 谱图

　　笔者通过 XAS 进一步测试了 Ni 含量为 0.70% 的 Ni-SAC(S) 的光谱性质。Ni-SAC(S) 的 XAENS 曲线与 Ni-SAC(Pc-CN) 的 XAENS 曲线几乎重叠,表明 Ni-SAC(S) 和 Ni-SAC(Pc-CN) 的氧化态相似,如图 4-5(a) 所示。图 4-5(b) 的 EXAFS 谱图表明,Ni-SAC(S) 中的 Ni 以 Ni—N_x 配位的单原子形式存在,Ni-SAC(S) 和 Ni-SAC(Pc-CN) 中具有相似的活性位点结构。这进一步表明 MePc-CN 和金属硝酸盐作为前驱体制备的单原子电催化剂具有类似的活性位点结构,其主要区别在于活性位点的数量。

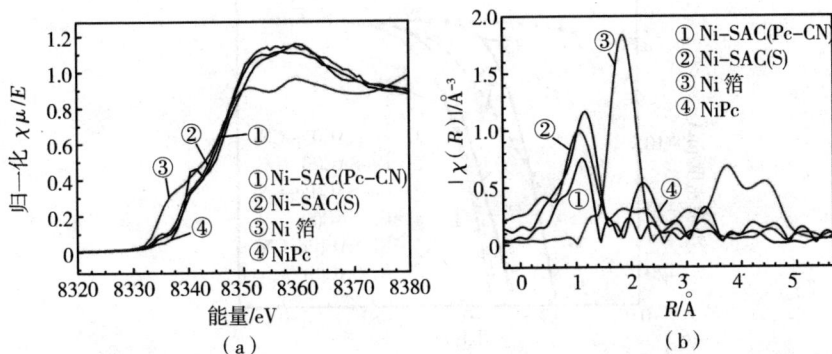

图 4-5　不同 Ni 单原子电催化剂中 (a) Ni 的 K 边 XANES 及 (b) EXAFS 谱图

4.2　H 型电解池中的 CO_2RR 催化性能

4.2.1　基于金属酞菁构筑的 Me-SAC 的 CO_2RR 催化性能

为了研究以金属酞菁及金属硝酸盐为前驱体制备的单原子电催化剂的 CO_2RR 催化性能,笔者分别将 Me-SAC(Pc-CN)和 Me-SAC(S)的浆料滴涂在 CFP 上作为工作电极,负载量为 0.4 mg · cm^{-2}。以 0.5 mol · L^{-1} CO_2 饱和的 $KHCO_3$(pH = 7.4)溶液为电解液,在 H 型电解池中进行测试。

如图 4-6 所示,在相同电位范围内 Ni-SAC(Pc-CN)和 Fe-SAC(Pc-CN)的电流密度高于其相应的金属盐制备的 Me-SAC(S),表明 Me-SAC(Pc-CN)的活性要优于相同条件下制备的 Me-SAC(S),这可能是 Me-SAC(Pc-CN)中金属活性位点数量多于 Me-SAC(S)所致。通过比较,相同电位范围内的 Me-SAC(Pc)中电流密度由大到小的顺序是:Co-SAC(Pc-CN)> Fe-SAC(Pc-CN)> Ni-SAC(Pc-CN)。

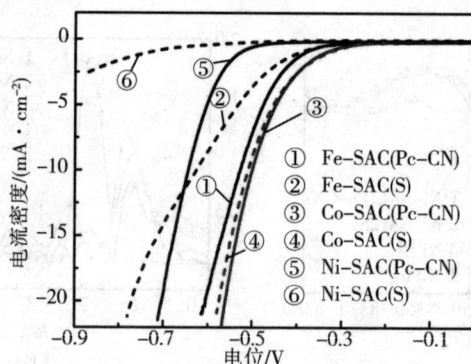

图 4-6　不同电催化剂的 LSV 曲线

笔者通过计时电位法进一步对电化学还原 CO_2RR 进行研究,其中气相产物可以通过 GC 在线检测分析气体产物浓度,并进一步计算出产物的法拉第效率(EF)。电流密度从 -1 mA · cm^{-2} 变化到 -10 mA · cm^{-2},Ni-SAC(Pc-CN)和 Co-SAC(Pc-CN)在 40 min 内均显示出优异的稳定性,其过电位变化较小,如图

4-7(a)和图 4-7(b)所示。虽然 Fe-SAC(Pc-CN)在低电流密度下的过电位增加不明显,但在电流密度为 $-10\ mA\cdot cm^{-2}$ 时,其过电位在 40 min 内发生明显的增加(20 mV),如图 4-7(c)所示。结果表明,在较大电流密度下 Fe-SAC(Pc-CN)的 CO_2RR 稳定性较差,这可能是由于 Fe 与 CO_2 还原的中间产物 CO 结合较强,无法及时脱附造成电催化剂中毒。如图 4-7(d)所示,Ni-SAC(Pc-CN)表现出最高的 E_F,电流密度从 $-1\ mA\cdot cm^{-2}$ 变化到 $-10\ mA\cdot cm^{-2}$,E_F 均高于 96%,最高达到了 97.2%。而 Fe-SAC(Pc-CN)的 E_F 在电流密度为 $-1\sim-5\ mA\cdot cm^{-2}$ 时保持在 90% 以上,但在电流密度达到 $-10\ mA\cdot cm^{-2}$ 时,E_F 显著下降至 81.0%,这有可能是大电流下电催化剂不稳定所造成的。虽然 Co-SAC(Pc-CN)在相同电位范围内的电流密度较 Fe-SAC(Pc-CN)及 Ni-SAC(Pc-CN)大,但是其 E_F 较低。Co-SAC(Pc-CN)在电流密度为 $-10\ mA\cdot cm^{-2}$ 时的 E_F 为 30.1%,在 $-1\ mA\cdot cm^{-2}$ 时仅为 10.3%。

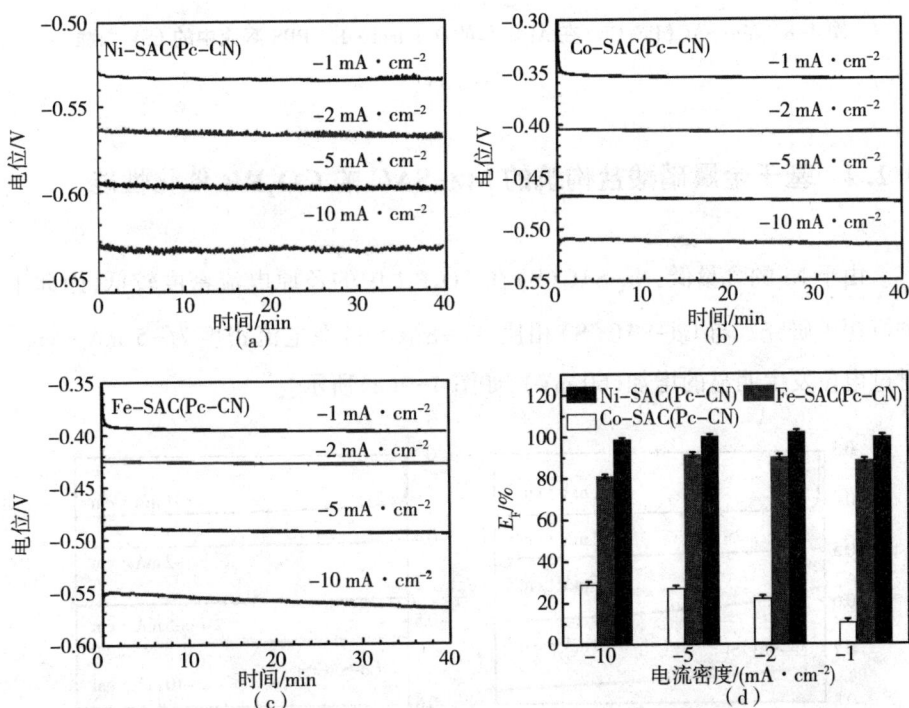

图 4-7　(a)~(c)Me-SAC(Pc)的即时电位曲线及(d)不同电流密度下产物 CO 的法拉第效率

为了验证上述观点,笔者进一步对 Me-SAC(Pc-CN)在 Ar 饱和的

0.1 mol·L^{-1} PBS 溶液中进行对比测试。如图 4-8 所示,Co-SAC(Pc-CN) 的起始电位(本章中定义起始电位为电流密度为 -0.1 mA·cm^{-2} 所对应的电位)与 Fe-SAC(Pc-CN) 和 Ni-SAC(Pc-CN) 的起始电位相比正移较多,表明 Co-SAC(Pc-CN) 具有较高的催化活性。

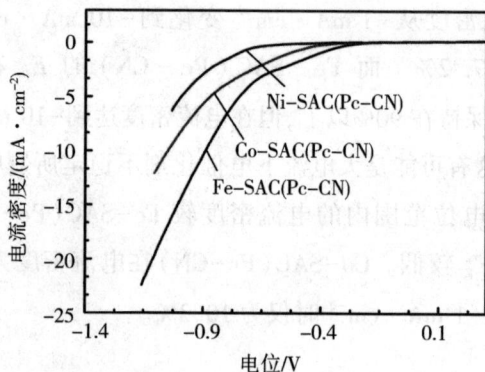

图 4-8　Me-SAC(Pc-CN) 在 Ar 饱和的 0.1 mol·L^{-1} PBS 溶液中的 LSV 曲线

4.2.2　基于金属硝酸盐构筑的 Me-SAC 的 CO$_2$RR 催化性能

由于 Ni 的含量低,Ni-SAC(S) 在 CO$_2$RR 中的还原电流密度较低,因此未进行深入研究。与 Co-SAC(S) 相比,Fe-SAC(S) 在电流密度为 -5 mA·cm^{-2} 时过电位发生明显的增加(60 mV),如图 4-9(a) 所示。

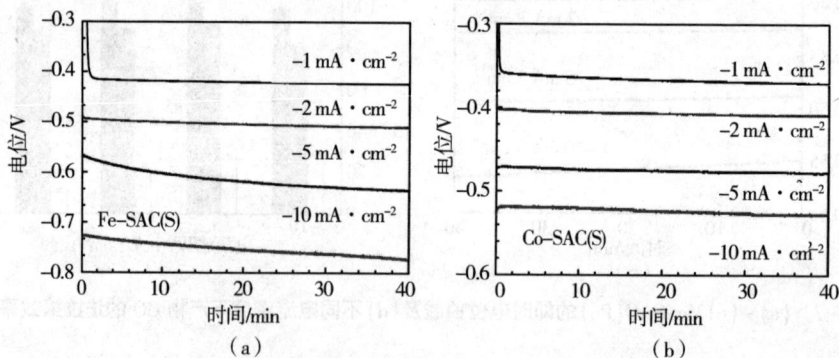

图 4-9　(a) Fe-SAC(S) 和 (b) Co-SAC(S) 的计时电位曲线

而 Co-SAC(S)在$-1 \sim -10$ mA·cm^{-2} 电流密度范围内的稳定性较好,如图 4-9(b)所示。与 Fe-SAC(Pc-CN)和 Co-SAC(Pc-CN)相比,Fe-SAC(S)和 Co-SAC(S)显示出较低的 CO 还原产物的选择性,如图 4-10(a)所示。如在 -10 mA·cm^{-2} 时,Fe-SAC(S)的 E_F 较 Fe-SAC(Pc-CN)降低了 6 个百分点。此外,在$-0.34 \sim -0.51$ V 的电位范围内,Co-SAC(Pc-CN)的 CO 分电流密度高于 Co-SAC(S)。例如,在-0.50 V 时,Co-SAC(Pc-CN)的 CO 分电流密度是 Co-SAC(S)的 2.5 倍,这主要是 Co-SAC(Pc-CN)的选择性更高所致,如图 4-10(b)所示。

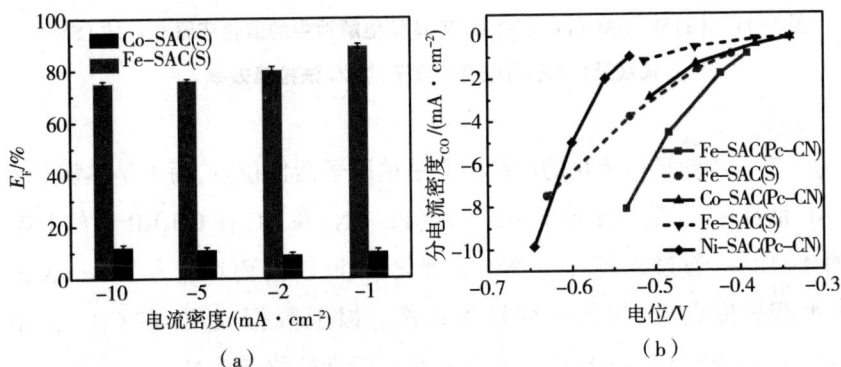

图 4-10　不同电催化剂在不同电流密度下的
(a)CO 法拉第效率及(b)CO 分电流密度曲线

为了进一步证明电催化剂中金属活性位点对其催化活性及选择性的影响,笔者降低了 Me-SAC(Pc-CN)中的金属含量,使得所制备的电催化剂 Me-SAC(Pc-CN)-L(其中 L 表示低金属含量)中金属含量接近相应的 Me-SAC(S)。Me-SAC(Pc-CN)-L 在 CO$_2$RR 测试中的极化曲线表明,其电流密度相比于高金属含量的 Me-SAC(Pc-CN)均有所降低。Ni-SAC(Pc-CN)-L、Co-SAC(Pc-CN)-L 及 Fe-SAC(Pc-CN)-L 的金属含量分别为 0.19%、0.50% 和 0.16%,但是其活性及选择性均高于相应的 Me-SAC(S)。以上数据进一步证明,Me-SAC(Pc-CN)中的金属含量较 Me-SAC(S)高,因此其催化活性较高。Me-SAC(Pc-CN)在 H 型电解池中的电流密度遵循 Co-SAC(Pc-CN)> Fe-

SAC(Pc–CN)> Ni–SAC(Pc–CN)的规律。因此,单原子电催化剂中的金属含量是影响催化性能的主要因素。

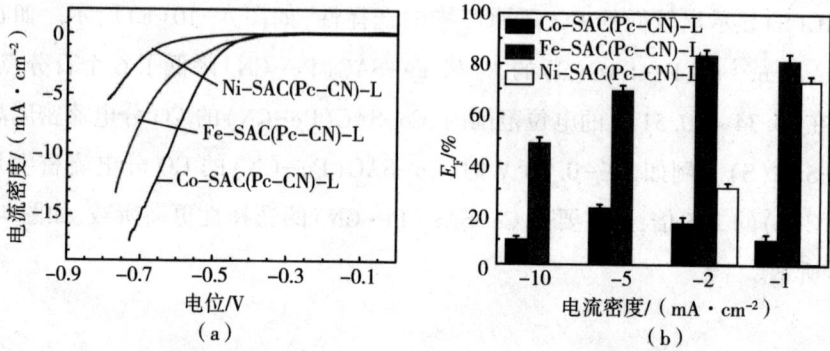

图4-11 (a)Me-SAC(Pc–CN)–L 在 H 型电解池中的催化还原 CO$_2$ 的 LSV 曲线及(b)不同电流密度下的 CO 法拉第效率

为了进一步验证电催化的活性中心是单原子活性位点,而不是热解 ZIF 产生的 NC 活性位点,笔者比较了 Me-SAC(Pc–CN)和 NC 在 CO$_2$RR 中的 LSV 曲线(图4-12)。通过比较可知,NC 的催化活性较低,而在引入了 Ni–N 或者 Fe–N 单原子位点后,催化活性显著提高。以上数据表明,在 CO$_2$RR 中使 Ni–SAC(Pc–CN)及 Fe–SAC(Pc–CN)产生高活性的位点是 Me–N,并非 NC。

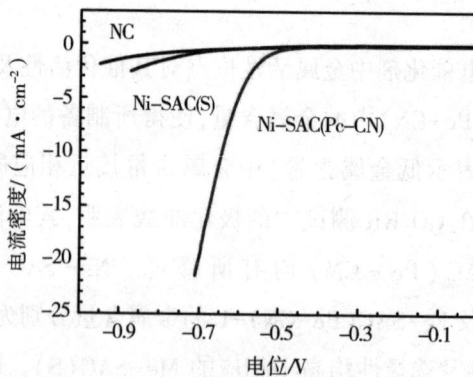

图4-12 CO$_2$RR 中 Ni-SAC(Pc–CN)、Ni-SAC(S)和 NC 的 LSV 曲线

综合以上分析结果,在 H 型电解池的测试中,Ni-SAC(Pc-CN)和 Fe-SAC(Pc-CN)作为单原子电催化剂在催化 CO_2 转化为 CO 方面具有更高的 CO 选择性,其中 Ni-SAC(Pc-CN)具有良好的稳定性。

4.3　气体扩散电极中的 CO_2RR 催化性能

4.3.1　气体扩散电极中 CO_2RR 的活性及选择性

为了评估电催化剂在高电流密度下 CO_2RR 的实际应用潜力,笔者将 Ni-SAC(Pc-CN)和 Fe-SAC(Pc-CN)滴涂在 GDE 上,负载量为 $1.0 \ mg \cdot cm^{-2}$,并在 $1.0 \ mol \cdot L^{-1}$ $KHCO_3$ 中测试其 CO_2RR 性能(图 4-13)。结果表明,Ni-SAC(Pc-CN)在 $-10 \sim -200 \ mA \cdot cm^{-2}$ 电流密度范围内稳定运行,如图 4-13(a)所示,虽然在 $-10 \sim -200 \ mA \cdot cm^{-2}$ 电流密度范围内 Ni-SAC(Pc-CN)的 E_F 相对于 H 型电解池略有降低,但在电流密度为 $-200 \ mA \cdot cm^{-2}$ 时,Ni-SAC(Pc-CN)的 E_F 仍达到 96.0%,如图 4-13(c)所示。Fe-SAC(Pc-CN)在 $-10 \ mA \cdot cm^{-2}$ 经过 40 min 的 CO_2RR 测试,电位从 -0.38 V 变为 -0.47 V,这可能是电催化剂不稳定造成的,如图 4-13(b)所示。尽管 Fe-SAC(Pc-CN)在 $-25 \sim -100 \ mA \cdot cm^{-2}$ 电流密度范围内似乎更稳定,但 E_F 大幅下降,在 $-100 \ mA \cdot cm^{-2}$ 时 E_F 仅为 50.1%,较 $-10 \ mA \cdot cm^{-2}$ 时下降了 40 个百分点,如图 4-13(c)所示。因此,Fe-SAC(Pc-CN)在 GDE 中的稳定性差。如图 4-13(d)所示,随着过电位的增大,Ni-SAC(Pc-CN)的分电流密度显著比 Fe-SAC(Pc-CN)大。在 -0.67 V 的电位下,Ni-SAC(Pc-CN)的 CO 分电流密度是 Fe-SAC(Pc-CN)的 5.6 倍。以上数据表明,Ni-SAC(Pc-CN)较 Fe-SAC(Pc-CN)在 GDE 中具有更优异的催化活性及选择性。

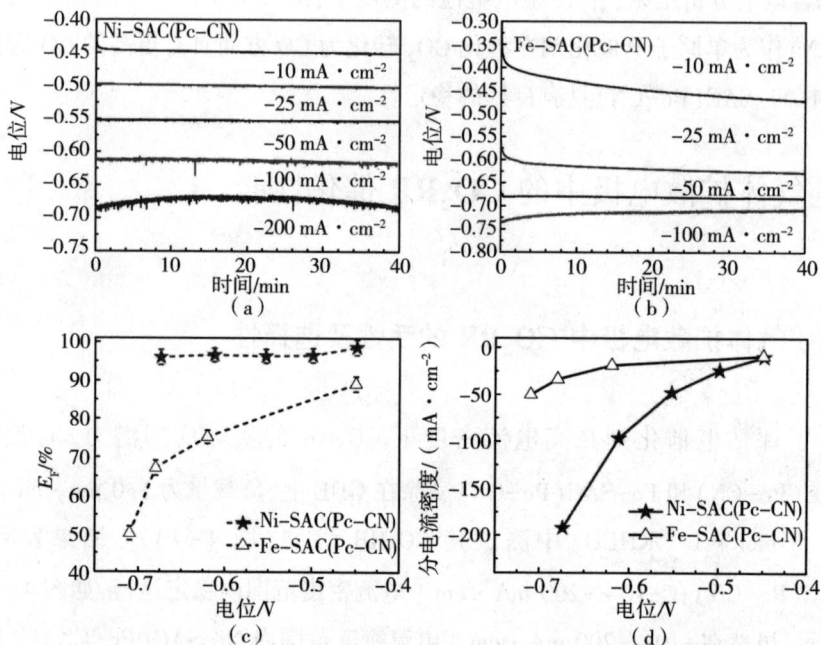

图 4-13 Ni-SAC(Pc-CN) 及 Fe-SAC(Pc-CN) 在 GDE 中的催化性能
(a)、(b) LSV 曲线;(c) CO 法拉第效率;(d) CO 分电流密度曲线

4.3.2 气体扩散电极中 CO_2RR 的稳定性

除催化活性及选择性的表征外,电催化剂在大电流密度下的稳定性也是实际应用的关键指标。由于 Fe-SAC(Pc-CN) 在计时电位下表现出明显的性能衰减,故只针对 Ni-SAC(Pc-CN) 进行大电流密度下的稳定性测试(图 4-14)。Ni-SAC(Pc-CN)除了在 GDE 上具有催化 CO_2 转化为 CO 的高活性和选择性外,还具有良好的稳定性。其在 $-200\ mA \cdot cm^{-2}$ 的恒定电流密度下测试 16 h,电位几乎没有变化,并且 E_F 一直保持在 91%以上。

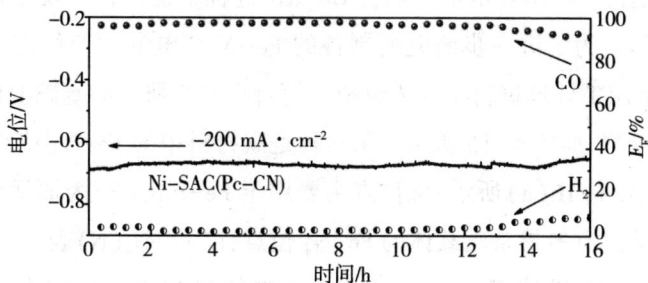

图 4-14　Ni-SAC(Pc-CN)在-200 mA·cm^{-2} 下的稳定性测试

4.4　Fe-N/C 电催化剂稳定性的影响因素

上述实验证明,与金属硝酸盐相比,金属酞菁分子作为前驱体有利于电催化剂中 Me-N 活性位点的增加,从而提高 CO_2RR 催化性能。基于第 3 章中的研究结果,将 $Fe(NO_3)_3$ 及 FePc-CN 分子共同引入 ZIF 中制备的 Fe-SAC(Pc-CN,S) 中的活性位点较 Fe-SAC(Pc-CN)表面的活性位点更多,因而催化性能有所提高。笔者进一步将 Fe-SAC(Pc-CN,S)应用于 CO_2RR 中,如图 4-15 所示,虽然具有更多活性位点的 Fe - SAC (Pc - CN, S) 在 CO_2RR 中的活性较 Fe-SAC(Pc-CN)更高,但是其稳定性较差。

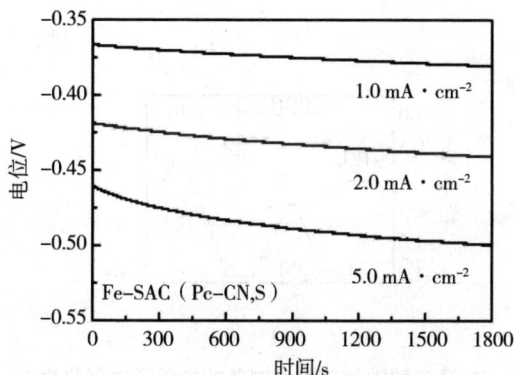

图 4-15　Fe-SAC(Pc-CN,S)的计时电位曲线

文献报道的 Fe-N/C 电催化剂在 CO_2RR 过程中也同样出现稳定性明显下降的问题。笔者为了进一步研究所制备的 Fe-N/C 电催化剂稳定性差异的影响因素，结合 DFT 计算进行了深入分析。笔者在文献研究的基础上构建了两种活性位点的模型，如图 4-16 所示。第一种是碳材料中的 $Fe-N_4$ 位点，以 $Fe-N_4$(B) 表示，如图 4-16(a) 所示，该位点主要用于 Fe-SAC(S) 表面活性位点的描述。第二种是具有氮掺杂碳载体的 $Fe-N_4$ 位点，以 $Fe-N_4$(N) 表示，图 4-16(b) 所示，该位点用于描述 Fe-SAC(Pc-CN) 中的体相 Fe-N 位点。通过计算 CO_2RR 过程中自由能的变化，在 $Fe-N_4$(B) 上 CO^* 与活性位点的结合能力较强，与文献报道的理论计算趋势一致，这解释了 Fe-SAC(S) 稳定性较差的原因是 CO^* 的脱附较难。相反，$Fe-N_4$(N) 结构有利于 CO^* 从活性位点上脱附，如图 4-16(c) 所示。以上计算结果表明，氮掺杂碳材料与 $Fe-N_4$ 位点共同作用有利于 CO^* 的脱附，从而对 Fe-N/C 在 CO_2RR 中的催化稳定性有所改善。因此，相比于 Fe 单原子在表面富集的 Fe-SAC(S)，Fe 单原子在体相分布的 Fe-SAC(Pc-CN) 具有更高的稳定性。以上从理论上对于电催化剂内部及表面活性位点的分布在 CO_2RR 过程中的差异性做出了一定的理论解释。

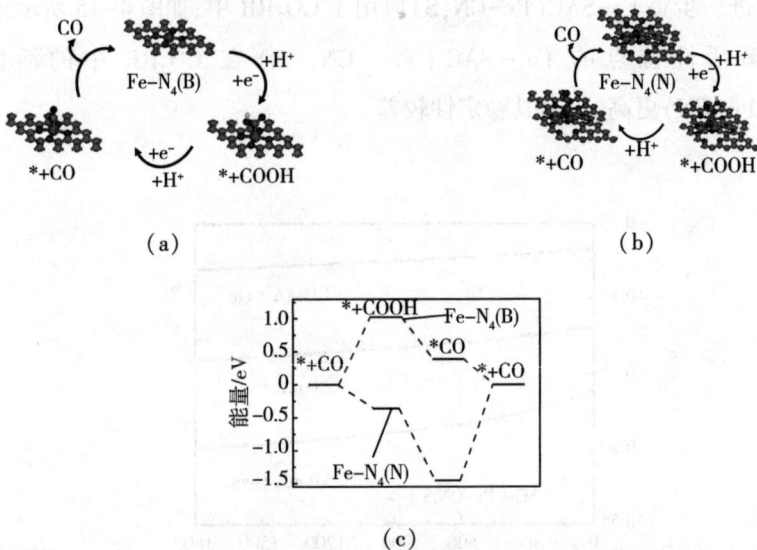

图 4-16　以 FePc-CN 及硝酸铁为前驱体制备的单原子电催化剂在 CO_2RR 中的

(a)、(b) 反应路径及 (c) 反应过程中自由能的变化

4.5　本章小结

本章在 FePc 构筑单原子电催化剂方法的基础上,进一步通过 MePc-CN 制备出一系列单原子电催化剂。结合电催化剂形貌、结构、电化学性能及理论计算,重点研究了金属前驱体制备的电催化剂的 CO_2RR 催化性能,并筛选出在大电流密度下具有良好催化性能的 Ni-SAC(Pc-CN)。主要结论如下:

(1)MePc-CN 是制备 M-N/C 单原子电催化剂的良好前驱体材料,其金属含量不随金属的改变而变化,优于以金属盐为前驱体制备的单原子电催化剂。

(2)在 H 型电解池测试中,由于电催化剂中金属位点的高负载量,Me-SAC(Pc-CN)催化 CO_2RR 生成 CO 较 Me-SAC(S)具有更高的活性和选择性。其中,Ni-SAC(Pc-CN)具有最高的选择性(97.2%)和稳定性。

(3)在 GDE 测试中,Ni-SAC(Pc-CN)可以在 $-10 \sim -200 \ mA \cdot cm^{-2}$ 电流密度范围内稳定运行,CO 的法拉第效率均高于 96.0%。同时,在 $-200 \ mA \cdot cm^{-2}$ 可以稳定运行 16 h,过电位没有明显变化。

(4)电化学性能测试及理论计算表明,与活性位点富集在表面的 Fe-SAC(S)相比,活性位点体相分布的 Fe-SAC(Pc-CN)由于基底中 N 的作用,CO_2RR 反应过程中 CO* 容易脱附,从而其稳定性更强。

第5章 面向 CO₂ RR 应用的模型单原子电催化剂研究

本书在第4章中已证明 Ni–N/C 结构的单原子电催化剂具有优异的催化性能,但 M–N/C 电催化剂通常是通过高温热解制备的,结构异构化不可避免,从而导致在分子水平上对电催化剂进行表征、设计及调控变得困难。因此,构建具有明确结构且易调控的单原子电催化剂将有助于理解构效关系,并进一步提高催化性能。针对以上问题,在关于 CoPc/CNT 复合物电催化剂的研究基础上,笔者将 NiPc 分散固定在 CNT 上构筑了基于 NiPc/CNT 的模型单原子电催化剂(NiPc-MDE),比较了 NiPc-MDE 与 NiPc 以及热解制备的 Ni-SAC 的催化性能,进一步通过分子工程优化了 NiPc-MDE 的稳定性,在 GDE 中大电流密度下实现了优异的催化性能,最后结合同步辐射表征及理论计算系统地研究了 NiPc-MDE 结构对 CO₂RR 催化活性、选择性及稳定性的影响。

5.1 NiPc-MDE 的制备与表征

尽管热解制备的 Ni-SAC 具有较好的 CO₂RR 催化性能,但目前对其活性中心结构的了解仍不够深入。文献中报道了不同的 Ni–N 中心配位结构作为活性位点。NiPc 具有明确的 Ni–N₄ 配位结构,并且可以通过分子工程将不同的官能团引入 Pc 配体中,以调控催化活性中心的性质。本章制备了具有推电子性的 2,9(10),16(17),23(24)-四甲氧基酞菁镍(NiPc-OMe)和具有拉电子性的氰基取代的 2,3,7,8,12,13,17,18-八氰基酞菁镍(NiPc-CN)及未修饰的 NiPc 来研究官能团对催化性能的影响。如图 5-1(a)所示,这些分子的紫外可见光谱表明,具有推电子效应的 OMe 可以导致分子在浓硫酸溶液中的特征吸收峰发生红移,而氰基取代可导致吸收峰蓝移。如图 5-1(b)所示,在红外光谱中,$2224\ cm^{-1}$ 处的峰对应于 NiPc-CN 中的氰基官能团。

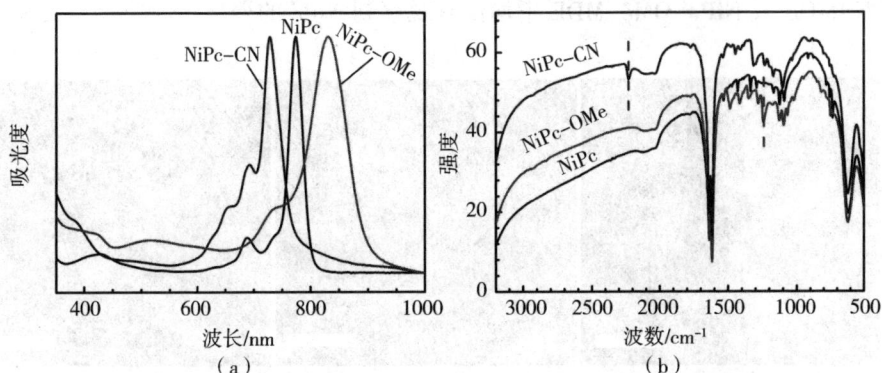

图 5-1　具有不同官能团的 NiPc 的(a)紫外可见光谱和(b)红外光谱

未取代和取代的 NiPc 均可以通过与 CNT 间的 π-π 作用吸附在 CNT 的侧壁上,在导电碳基质上构筑具有明确结构的 $Ni-N_4$ 位点(图 5-2)。这也克服了 NiPc 导电性差和分子本身易聚集的问题。在基于 NiPc/CNT 构筑的 NiPc-MDE 模型电催化剂中 Ni 的负载量为 0.76%。

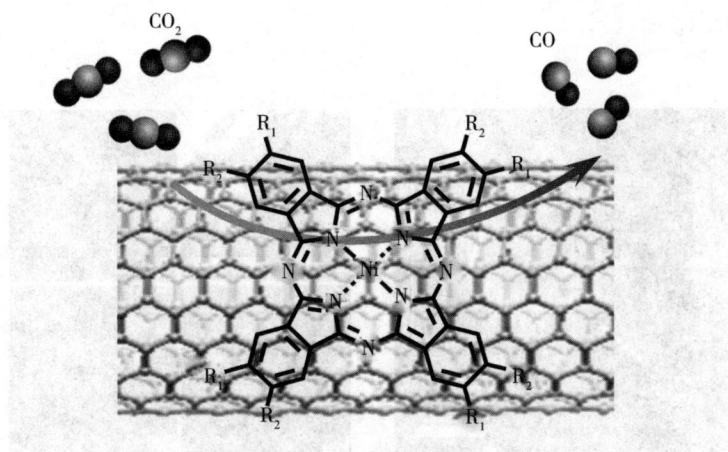

图 5-2　不同取代的 NiPc-MDE 催化 CO_2RR 示意图

　　金属酞菁分子的良好化学稳定性以及合成过程无须进行高温热处理的特点,确保了未取代及不同取代的 NiPc-MDE 中的 Ni-N$_4$ 中心及官能团部分的完整保留。通过结构表征可以证实以上观点,其中 TEM 图揭示了复合电催化剂中具有管状结构的 CNT,其外径约为 12 nm(图 5-3)。在 NiPc-MDE、NiPc-CN-MDE 及 NiPc-OMe-MDE 中均没有观察到 NiPc 的聚集。

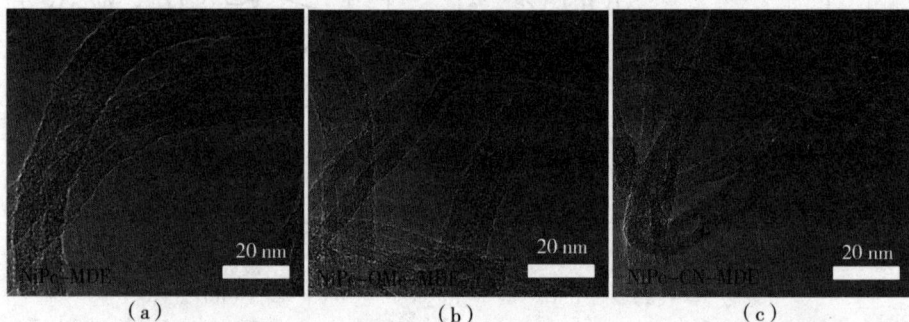

图 5-3 (a)NiPc-MDE、(b)NiPc-OMe-MDE 及(c)NiPc-CN-MDE 的 TEM 图

　　HADDF-STEM 表征证明了 NiPc-OMe-MDE 中 NiPc-OMe 在 CNT 的分子分散性,形成了 Ni 单原子电催化剂,如图 5-4(a)所示。放大后的 HAADF 图显示了大小约为 0.24 nm 的孤立亮点,与 Ni 原子接近。对图 5-4(a)中亮点区域进行 EELS 测试,可以观测到 Ni 的 L 边信号,证实为 Ni 原子,且价态为+2 价。通过 EDS 得到的元素分布图表明,Ni 和 N 元素在 CNT 上是均匀分布的,如图 5-4(b)所示。

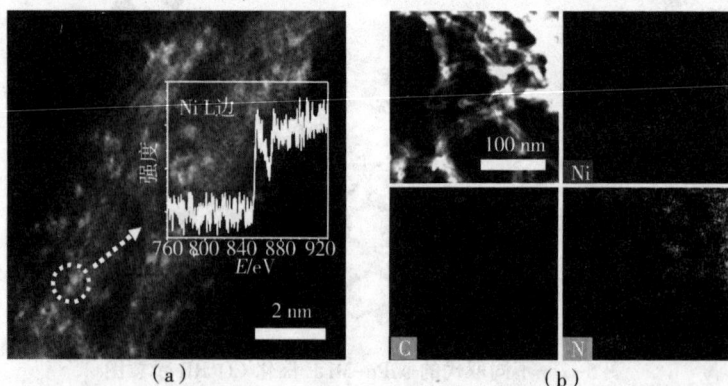

图 5-4 NiPc-OMe-MDE 的(a)HADDF-STEM 图和(b)元素分布

笔者进一步通过 XAS 对 NiPc-MDE 及纯 NiPc 进行表征。在 Ni 的 K 边 XANES(图 5-5)中,NiPc-MDE 和 NiPc 的吸收边信号一致,表明 CNT 复合并没有对金属中心的电子结构产生明显的影响。

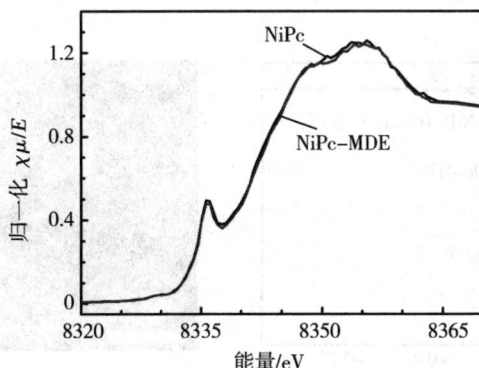

图 5-5　NiPc 及 NiPc-MDE 的 Ni 的 K 边 XANES

以上结果表明,通过 NiPc 与 CNT 复合可以有效制备具有 $Ni-N_4$ 结构的模型单原子电催化剂。该方法可以避免在高温条件下制备的 Ni-N/C 单原子电催化剂中活性中心异构化的问题,为催化机理的深入研究提供具有明确结构的模型单原子电催化剂。

5.2　H 型电解池中的 CO_2RR 催化性能

为了评估 NiPc-MDE 在电催化 CO_2RR 中的性能,笔者将样品滴涂在 CFP 上用以制备 CO_2RR 电极(电催化剂负载量一般为 $0.40\ mg\cdot cm^{-2}$)。

在 CO_2 饱和的 $0.5\ mol\cdot L^{-1}$ KHCO_3 电解液中对 NiPc-MDE 等催化剂进行 LSV 测试,如图 5-6(a)所示,从 -0.44 V 开始观察到 NiPc-MDE 具有明显的阴极还原电流。将纯 NiPc 直接滴涂到 CFP 上,并控制其在 CFP 上的金属负载量,使之与 NiPc-MDE 相同,发现纯 NiPc 的电流密度与空白 CFP 相似,没有明显的催化活性。将 NiPc 负载量从 $0.03\ mg\cdot cm^{-2}$ 增加至 $0.40\ mg\cdot cm^{-2}$ 可以改善其催化活性,但仍远低于 NiPc-MDE。纯 NiPc 电极的低活性归因于直接滴涂在 CFP 上的 NiPc 分子发生明显聚集,如图 5-6(b)所示。一方面 NiPc 聚集导致暴露的活性位点减少,另一方面 NiPc 的聚集体中电荷从电极转移到活性位点的能力变差,从而无法有效催化 CO_2RR 反应。而与聚集的 NiPc 相比,在 NiPc-MDE 中,电荷可以借助 CNT 的高导电性能高效地从电极转移到活性中心,从而有利于催化 CO_2RR。

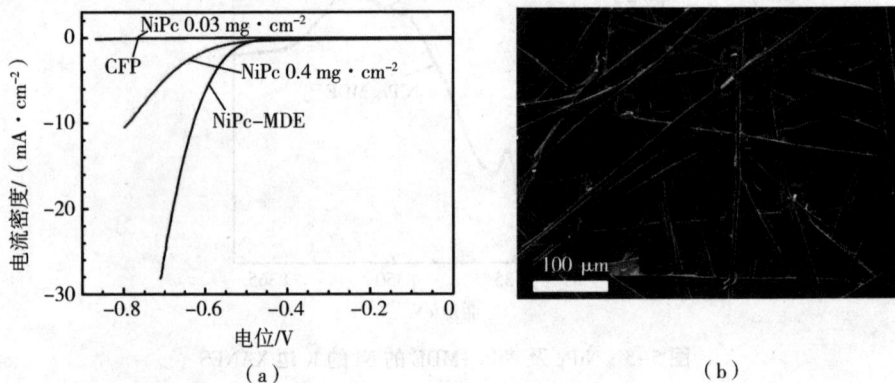

图 5-6 (a)碳纸上不同负载量的 NiPc 以及 NiPc-MDE 的 LSV 曲线;(b)NiPc 的形貌

5.2.1 对比热解制备的 Ni-N/C 电催化剂

为了将本章构筑的 NiPc-MDE 与热解制备的 Ni-N/C 单原子电催化剂相比较,根据文献报道的方法以 $Ni(NO_3)_2$/ZIF-8 为前驱体高温热解,制备了与 NiPc-MDE 中 Ni 含量相似的 Ni-N/C 单原子电催化剂,在本章中将该 Ni-N/C 电催化剂标记为 P-NiSA。

通过 LSV 测试发现,P-NiSA 的电流密度低于 NiPc-MDE,如图 5-7(a)所示。进一步在不同电位下对所制备的 NiPc、NiPc-MDE 及 P-NiSA 进行 CA 测试并分析催化产物。经分析可知,CO 是上述电催化剂在电催化 CO_2RR 中唯一的气态产物,而 H_2 是 HER 导致的副产物。由于 NiPc 的活性很低,故本章在 H 型电解池中不深入研究 NiPc 催化 CO_2RR 产物的选择性。而 NiPc-MDE 和 P-NiSA 的 E_F 如图 5-7(b)所示。在 $-0.54 \sim -0.68$ V 电位范围内,NiPc-MDE 的 E_F 均大于 96%,表明模型 NiSAC 可以高选择性地催化 CO_2RR 而获得 CO。而 P

-NiSA 在相同电位范围内的 E_F 比 NiPc-MDE 低,在-0.56 V 时 E_F 仅为 90%。文献报道的通过高温热解制备的 Ni-N/C 电催化剂在类似电流密度下的 E_F 一般也低于 90%。

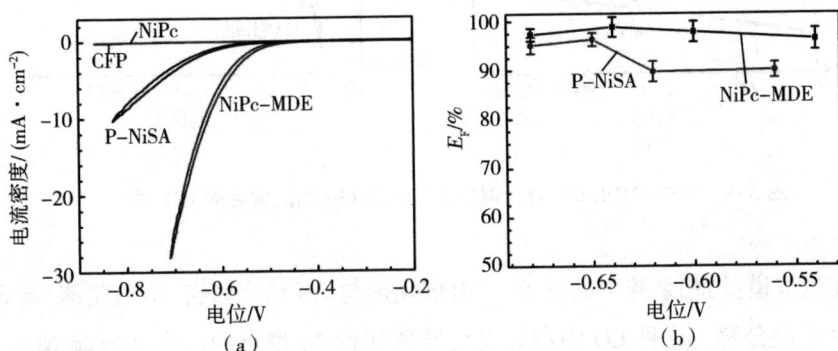

图 5-7　不同电催化剂的(a)LSV 曲线和(b)E_F

热解方法制备的 P-NiSA 的 E_F 偏低可能是由于在高温处理过程中产生了其他类型的活性位点,它们有利于竞争性的 HER,这在低电位(或电流密度)下更为明显。相反,NiPc-MDE 在很宽的电流密度范围内都具有较高的 E_F。这些结果证明了 NiPc-MDE 作为模型单原子电催化剂在催化 CO_2RR 的性能上的优势。

5.2.2　分子工程调控 CO_2RR 催化性能

虽然 NiPc-MDE 在 CO_2RR 中展现出了较高的 CO 选择性,但是 NiPc-MDE 却存在稳定性差的问题。在 CA 测试中,特别是在大电流密度下,NiPc-MDE 的电流密度随时间的延长逐渐下降,如图 5-8(a)所示。在-0.68 V 的 CA 测试中,2700 s 内电流密度从-13.0 mA·cm^{-2} 下降至-10.0 mA·cm^{-2}。从 CA 测试前后的 LSV 曲线也可以观察到其催化活性的下降,如图 5-9(b)所示。CA 测试前后电流密度的降低表明 NiPc-MDE 的稳定性在变差,这与图 5-9(a)大电位下发生衰减的现象一致。

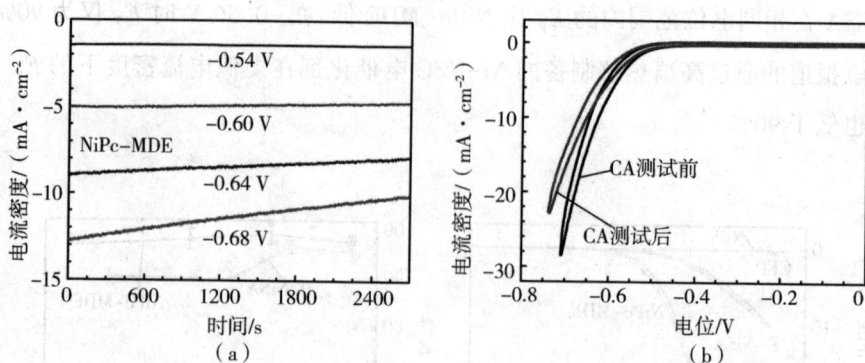

图 5-8　NiPc-MDE 的(a)计时电流测试及(b)测试前后的 LSV 曲线

　　文献报道,均相系统中的分子 Ni 电催化剂与 CO 结合紧密,不易脱落,会导致 Ni—N 键分解。这种 CO 中毒效应会导致活性 Ni 位点的损失并影响 NiPc-MDE 电催化剂在 CO_2RR 中的稳定性问题。这也是非均相 Ni 单原子电催化剂稳定性差的原因。

　　将 NiPc-MDE 电极在-0.64 V 下测试 8 h(图 5-9),再将 CA 测试后的电极浸入 10 mL 5 $mol \cdot L^{-1}$ 的 HCl 中。通过 ICP-MS 检测到了溶液中 Ni 元素的存在(约占电极上总 Ni 的 19%)。相反,在未经 CA 测试的 NiPc-MDE 电极的溶液中未检测到 Ni 信号。这表明检测到的 Ni 信号源自 CO_2RR 期间 Ni—N 键断裂所产生的 Ni 溶解到 HCl 溶液中。NiPc-MDE 电催化剂较差的电化学稳定性使其不适合高效的 CO_2RR 应用,该问题可以通过调整活性位点的结构和性质来克服。

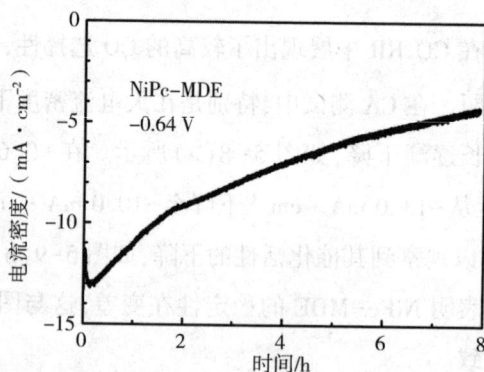

图 5-9　NiPc-MDE 的稳定性

与其他热解制备的 Ni-SAC 相比,本章中所构筑的模型单电子电催化剂的独特之处在于可以较容易地通过分子工程来对活性位点的性能进行调控。因此,本章尝试通过在酞菁环上引入官能团的简单分子工程调控方法调节 Ni-N$_4$位点,从而提高 NiPc-MDE 的催化性能。通过研究拉电子的氰基修饰的 NiPc-CN-MDE 和推电子的甲氧基修饰的 NiPc-OMe-MDE,并与 NiPc-MDE 对比,探索了具有不同电子性质的官能团对 CO$_2$RR 性能的影响。

如图 5-10(a)所示,与 NiPc-MDE 的 LSV 曲线相比,NiPc-CN-MDE 的起始电位正移了约 50 mV,表明氰基的修饰可以改善催化活性,这与氰基修饰后的 CoPc-MDE 结果类似。尽管 NiPc-OMe-MDE 的起始电位比 NiPc-MDE 略有负移,但其催化活性在更高的过电位下要好于 NiPc-MDE。NiPc-OMe-MDE 和 NiPc-CN-MDE 都具有催化 CO$_2$RR 生成 CO 的高选择性,如图 5-10(b)所示,尤其 NiPc-OMe-MDE 在-0.54～-0.68 V 电位范围内的 E_F 保持在 99%以上。

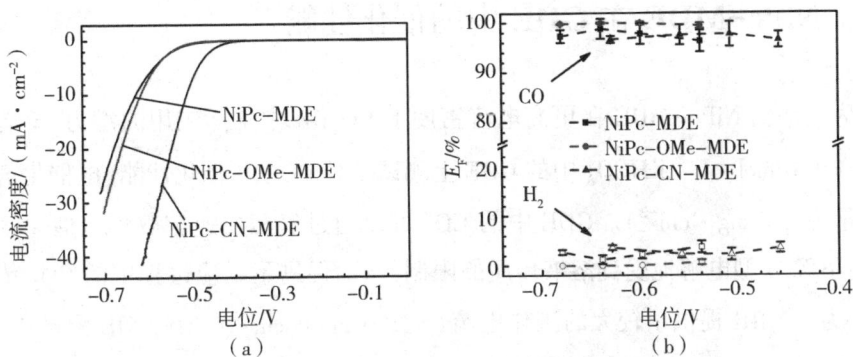

图 5-10　不同取代的 NiPc-MDE 的(a)LSV 曲线及(b)法拉第效率

更重要的是,NiPc-OMe-MDE 具有更好的电化学稳定性,在-0.68 V 时可获得高达-22.3 mA·cm^{-2} 的电流密度,并能较稳定地保持(图 5-11)。尽管 NiPc-CN-MDE 显示出比 NiPc-OMe-MDE 更好的催化活性,但仍然存在稳定性差的问题。NiPc-CN-MDE 在-0.63 V 下的电流密度从初始的-22.0 mA·cm^{-2} 迅速衰减到-16.5 mA·cm^{-2}。

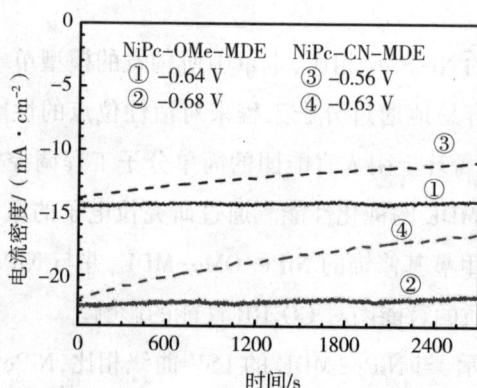

图 5-11　NiPc-OMe-MDE 及 NiPc-CN-MDE 的计时电流曲线

在 -0.56 V 电压下运行 8 h 后,用 HCl 清洗 NiPc-CN-MDE 电极后检测到了 Ni 的存在,从而支持了 Ni—N 键的断裂所引起的失活。通过对比可知,甲氧基修饰的 NiPc-OMe-MDE 在 CO_2RR 中具有较高的稳定性。

5.3　NiPc-MDE 在 GDE 中的催化性能

为了评估 NiPc-MDE 在更高电流密度下 CO_2RR 中实际应用的潜力,笔者继续在 1.0 mol·L^{-1} KHCO$_3$ 中的 GDE 上测试了其 CO_2RR 催化性能(电催化剂负载量为 1.0 mg·cm^{-2})。GDE 中的 CO_2 可以通过气相快速扩散到电催化剂中,而不像 H 型电解池受到溶液传质的限制,从而促进了反应过程中的 CO_2 传质,并为 CO_2RR 提供了较大的工作电流(> 100 mA·cm^{-2})。在 GDE 测试中,阴极室中引入电解液并进行强烈的搅拌,确保电解液充分混合并进行三电极测量,从而揭示电催化剂在大电流密度下的 CO_2RR 催化性能。

将 NiPc-MDE 涂覆在具有微孔结构的气体扩散层上。由 NiPc-OMe-MDE 的 SEM 图(图 5-12)可知,通过 PTFE 处理的 NiPc-OMe-MDE 均匀地覆盖在 GDE 上,而纯 NiPc-OMe 分子直接滴加到 GDE 上会发生聚集。

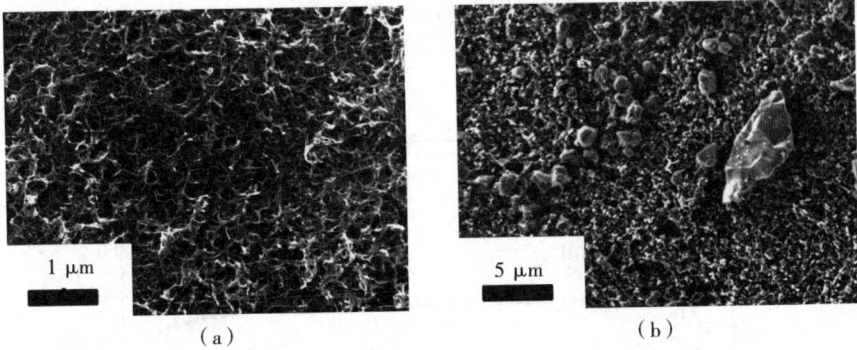

图 5-12　(a) NiPc-OMe-MDE 及 (b) NiPc-OMe 在 GDE 上的 SEM 图

　　具有 NiPc-OMe-MDE 的 GDE 可以在 $-10 \sim -400$ mA·cm^{-2} 的电流密度范围内工作,如图 5-13(a)所示。在 -400 mA·cm^{-2} 时,NiPc-OMe-MDE 电极被电解液充满,导致电压波动大,在 40 min 的测试中 E_F 轻微降低至 99.1%。在 -400 mA·cm^{-2} 下长时间运行会由于电解液渗透问题而发生电极故障。在电流密度高于 -400 mA·cm^{-2} 时,会发生明显的电解液渗透到电催化剂层的现象,从而导致电催化剂的催化性能下降。这些问题有望通过改进 GDE 结构设计来解决,以确保在更高电流密度下仍能稳定运行。而 NiPc-CN-MDE 在电流密度为 -300 mA·cm^{-2} 条件下测试时,其 E_F 在 20 min 时仅为 58%,这是 NiPc-CN-MDE 的不稳定所造成的。

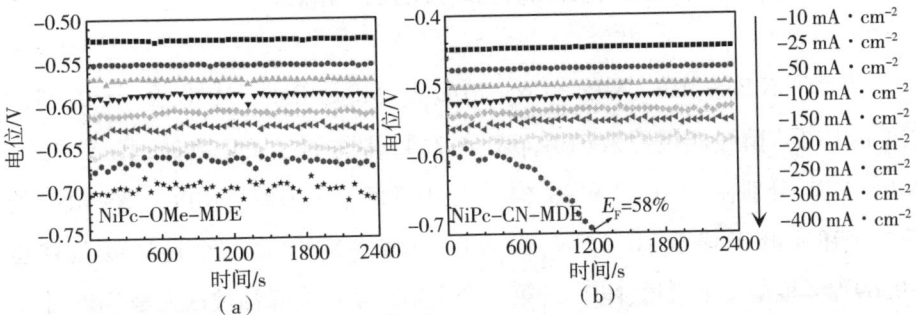

图 5-13　GDE 测试中 (a) NiPc-OMe-MDE 及 (b) NiPc-CN-MDE 的电位-时间关系

　　笔者进一步对 NiPc-OMe-MDE 在 -150 mA·cm^{-2} 的电流密度下进行长时间稳定性的测试。该催化剂在 -0.61 V 左右的电压下可以稳定运行 40 h,并且在整个过程中，E_F 保持在 99.5% 以上（图 5-14）。

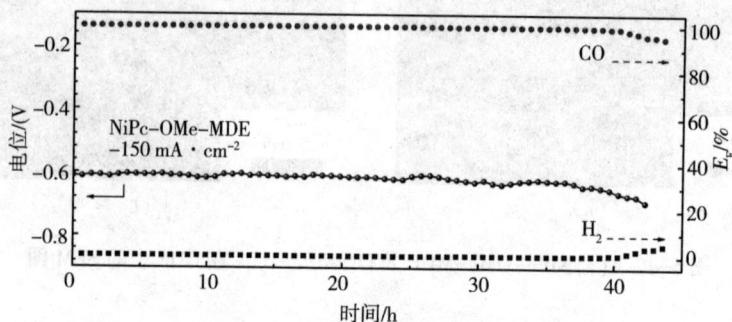

图 5-14　GDE 中 NiPc-OMe-MDE 的长时间稳定性测试

综上所述，NiPc-OMe-MDE 本身对 CO 具有较高的选择性、稳定性及催化活性，可以保证其在高电流密度下长时间催化 CO_2RR 并保持较高的 CO 选择性，是目前所报道的催化性能最为优异的电催化剂之一。

5.4　CO_2RR 中电催化剂催化活性及稳定性的影响因素

5.4.1　CO_2RR 中电催化剂催化活性的影响因素

笔者将 NiPc-MDE、NiPc-CN-MDE 及 NiPc-OMe-MDE 在 Ar 饱和的 $0.1\ mol \cdot L^{-1}$ 磷酸盐缓冲液（PB，pH = 7.4）中进行了 CV 测试（图 5-15）。NiPc-MDE 分别在 -0.01 V 和 -0.64 V 处出现两个还原峰。NiPc-CN-MDE 的第二个还原峰正移至 -0.22 V，而 NiPc-OMe-MDE 第二个还原峰负移至 -0.69 V。根据文献报道，NiPc 的第一个和第二个还原峰都被认为是 NiPc 中配体的还原。NiPc-MDE 中第二个还原峰的出现与 CO_2RR 的起峰电位相关，表明 CO_2RR 的催化活性与 NiPc 还原有关。由 CV 曲线中还原峰的位置可知，氰基取代的 NiPc-MDE 更容易发生分子的还原。

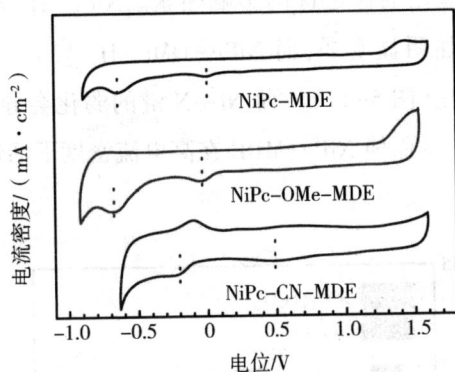

图 5-15　不同取代的 NiPc-MDE 在 Ar 饱和的 0.1 mol·L⁻¹ PB 中的 CV 曲线

结合图 5-15 可知,驱动反应所需的电位取决于部分还原的 NiPc。NiPc 的还原即加上质子转移可以生成 NiPc-H₂。因此可以通过 NiPc-H₂ 来揭示部分还原的 NiPc(NiPc-H₂)与 CO₂RR 催化活性之间的关系(图 5-16)。尽管 NiPc-OMe-H₂ 产生 *COOH 所需的能量最低,但驱动反应所需的电位取决于部分还原的 NiPc 而不是 NiPc 本身的催化活性。

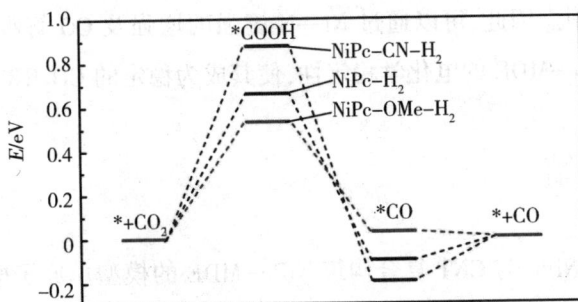

图 5-16　取代和未取代的 NiPc 催化 CO₂RR 的 DFT 计算

5.4.2　CO₂RR 中电催化剂稳定性的影响因素

笔者进一步通过分析原始和还原的 NiPc 中的 Ni—N 键强,以获得 Ni—N

键强度,并研究了电催化剂稳定性的影响因素。NiPc-H$_2$ 及 NiPc-CN-H$_2$ 与 CO 结合后 Ni—N 键强明显变弱,而 NiPc-OMe-H$_2$ 与 CO 结合后,并未导致 Ni—N 键强有明显变化(图 5-17)。而 Ni—N 键的弱化会导致富含 CO 的环境中活性位点的不稳定,从而使 NiPc-MDE 在高电流密度下活性衰减。

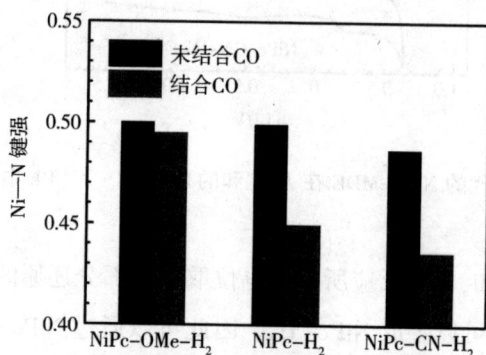

图 5-17　CO 与不同电催化剂中的 Ni—N 键强间的关系

通过引入拉电子的氰基可以进一步削弱 Ni—N 键,而通过推电子的甲氧基修饰可以增强 Ni—N 键。而具有甲氧基官能团的 NiPc 既增强了 Ni—N 键又有利于 CO 的解吸附。因此,可以通过 Ni—N 键强的增强及 CO 解吸附的协同作用增强 NiPc-OMe-MDE 的电化学稳定性,使其成为稳定的 CO$_2$RR 电催化剂。

5.5　本章小结

本章提出了 NiPc 与 CNT 复合构筑 NiPc-MDE 的模型单原子电催化剂,并通过分子工程优化了电催化剂的稳定性。结合 DFT 计算对影响电催化剂的催化活性及稳定性的因素进行了深入研究,对建立电催化剂结构与性能间的关系提供了良好的研究平台。主要内容如下:

(1)模型单原子电催化剂 NiPc-MDE 的催化性能优于聚集的分子电催化剂以及通过热解制备的单原子电催化剂,具有更高的选择性。NiPc-MDE 的构筑可以克服 NiPc 的聚集和导电性差的问题,并且 NiPc-MDE 具有明确的活性位点结构,避免了高温处理过程中产生的活性位点异构化对催化性能的影响。

　　(2)引入甲氧基得到的 NiPc-OMe-MDE 展示了较好的催化稳定性。在 GDE 中,NiPc-OMe-MDE 在较宽的电流密度范围内具有极高的 E_F,可以在 $-150\ mA \cdot cm^{-2}$ 下稳定运行 40 h,且 E_F 保持在 99.5%以上。

　　(3)基于具有明确活性位点结构的 NiPc-MDE,结合分子工程调控和 DFT 计算,揭示了 NiPC-OMe-MDE 电催化剂的催化活性及稳定性的结构影响因素。

第6章 燃烧合成石墨烯/二氧化锰复合电极材料的制备及其电化学性能研究

2011 年,Amartya 首次采用镁条在干冰中燃烧的方法制备出了少层石墨烯(FLG)。但是,以干冰作为碳源容易升华,难以在室温条件下保存,而且镁条在干冰中燃烧反应难以控制,具有一定的危险性,这些缺点极大地限制了该方法的广泛应用。

在这一研究成果的启发下,为了克服上述制备石墨烯方法缺点,笔者以碳酸盐和二氧化碳气体为碳源,尝试采用安全可控的燃烧合成法制备出具有不同微观形貌的三维少层石墨烯。与镁条在干冰中燃烧制备石墨烯的方法相比,燃烧合成法具有容易控制、可以大规模生产、价格低廉、环保等优点。本章对其电化学性能及其在二氧化锰复合电极中的作用进行了探索,通过将三维石墨烯与二氧化锰复合,实现制备高性能超级电容器电极材料的目标。

6.1 燃烧合成石墨烯及石墨烯/二氧化锰复合电极材料的制备

6.1.1 燃烧合成法制备少层石墨烯

按表 6-1 称取反应物镁粉以及不同碳酸盐加入到陶瓷研钵中研磨混合均匀。将混合后的粉体放入陶瓷舟中,并将装有反应物粉体的陶瓷舟置于不锈钢自蔓延燃烧桶内。按照 $0.5\ L \cdot s^{-1}$ 的流速向桶内通入二氧化碳保护气(纯度

99.9%),待保护气充满桶内后开始点火引发自蔓延燃烧反应。点火装置采用带有电阻丝的直流稳压电源,通过设置直流稳压电源电流使电阻丝端发热从而引发自蔓延燃烧反应。反应物开始燃烧后,燃烧波会自发地从反应物的燃烧端向未燃烧端蔓延直到所有反应物均参与燃烧合成反应。采用盐酸(20%)反复清洗燃烧后获得的粉体,以去除副产物氧化镁(MgO)以及氧化钙(CaO)等杂质。然后采用去离子水清洗产物至 pH 值为中性,再用乙醇清洗。最后将粉体放置于真空烘箱中,温度设置为 100 ℃ 干燥后获得黑色粉体。

表 6-1　燃烧合成法反应物配比及产物名称

镁粉/g	碳源种类及用量/g		产物名称
24.0	碳酸钙	50.0	G1
24.0	碳酸镁	42.0	G2
24.0	二氧化碳	—	G3

6.1.2　机械混合法制备石墨烯/二氧化锰超级电容器复合电极材料

首先采用共沉淀法制备二氧化锰颗粒。配制 200 mL 浓度为 0.15 mol·L^{-1} 的硫酸锰溶液,然后边搅拌边滴加高锰酸钾溶液(0.1 mol·L^{-1},200 mL),室温条件下反应 6 h。采用去离子水清洗制备好的二氧化锰后,将样品放置于真空干燥箱,于 70 ℃ 真空干燥 14 h。

采用机械混合法制备石墨烯/二氧化锰超级电容器复合电极材料。将 6 g 二氧化锰粉体以及 0.2 g 燃烧合成的石墨烯(G1)加入到 300 mL 1,3-丁二醇中,将上述分散体系置于均质机进行机械混合,分别于 10 min、1 h、2 h、3 h、4 h 和 5 h 取样,采用无水乙醇以及去离子水反复清洗去除分散溶剂,于 70 ℃ 真空12 h。

6.2　燃烧合成石墨烯及其二氧化锰复合电极材料的形貌及结构表征

6.2.1　石墨烯及其二氧化锰复合电极材料形貌表征

　　图 6-1 为采用燃烧合成法制备的石墨烯以及负载二氧化锰后材料微观形貌的 SEM 图。采用不同碳酸盐作为反应物，获得的石墨烯微观形貌略有差异。如图 6-1(a) 和图 6-1(b) 所示，采用碳酸钙作为固体碳源时，获得的石墨烯呈现出三维珊瑚状结构。这种三维珊瑚状结构是由波纹状石墨烯片构成的。当采用碳酸镁作为固体碳源时，获得的石墨烯以平面片状结构为主，并且堆砌成丘陵状三维结构，如图 6-1(c) 所示。图 6-1(d) 为共沉淀法制备的二氧化锰颗粒的 SEM 图，共沉淀法制备的二氧化锰颗粒直径为 200~500 nm，并且伴有明显的团聚现象。图 6-1(e) 为负载二氧化锰后 G1/MnO_2 样品的 SEM 图。由图可知负载二氧化锰后，珊瑚状石墨烯被二氧化锰颗粒包裹，从而起到导电骨架的作用。图 6-1(f) 为 G1/MnO_2 样品的 EDS 分析结果，结果表明样品中锰元素含量为 13.92%。

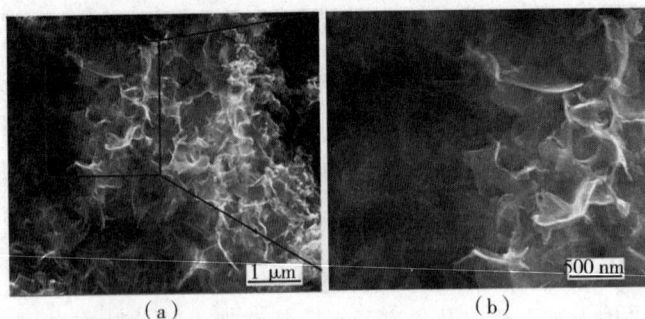

（a）　　　　　　　　　　　　（b）

图 6-1　(a)、(b)燃烧合成少层石墨烯以及(c)~(e)二氧化锰、石墨烯/二氧化锰复合电极材料的 SEM 图;(f)EDS 图

采用碳酸钙作为固体碳源制备的三维石墨烯呈现出珊瑚状结构主要是其反应机理导致的。镁的熔点为 648.9 ℃,沸点为 1090 ℃。采用碳酸钙作为固体碳源时,碳酸钙热分解度为 825 ℃。当体系被引燃时,镁粉首先由固态转变为液态,此时未达到碳酸钙热分解温度,因此镁液滴紧紧包住未分解的碳酸钙粉末,从而使镁液滴内部碳酸钙粉末的量远远高于镁。而后,随着体系温度的升高,碳酸钙开始逐渐分解并释放出大量的 CO_2。这些 CO_2 与镁液滴接触后发生反应生成少层石墨烯的同时,冲破镁液滴薄膜形成开放式结构。因此,在除去副产物氧化镁之后,以碳酸钙作为固体碳源燃烧合成制备的石墨烯样品呈现出由波纹状石墨烯片组成的珊瑚状结构。

为了进一步获得石墨烯样品形貌以及结晶结构,笔者采用 TEM 对不同碳源制得的石墨烯样品进行表征,如图 6-2 所示。图 6-2(a)为采用碳酸钙为碳源制备的石墨烯片,尺寸为 50~100 nm。通过分析可知,石墨烯片层间距为 0.34 nm,这一结果与单层石墨烯厚度相吻合,如图 6-2(b)所示。此外,采用碳酸钙为碳源制备的石墨烯层数为 38 层。图 6-2(b)中选区电子衍射结果表明,该样品石墨烯片为纳米结晶结构,这一结果与文献报道相符合。图 6-2(c)为机械混合 10 min 时,G1/MnO$_2$(10 min)样品的 TEM 图。在图中可以观察到直径为 200~500 nm 的二氧化锰颗粒,这一结果与 SEM 结果相符合。此外,还可以观察到二氧化锰颗粒与石墨烯处于分离的状态。这一结果表明,当机械混合 10 min 时,二氧化锰颗粒并没有与石墨烯复合。与 G1/MnO$_2$(10 min)相比,当机械混合时间达到 4 h,二氧化锰颗粒已经进入到三维石墨烯内部,如图 6-2(d)所示,说明在 G1/MnO$_2$(4 h)样品中已经实现二氧化锰与三维石墨烯复合。图 6-2(d)中插图为 G1/MnO$_2$(4 h)的 HTEM 图,经过 4 h 机械混合后,二氧化锰颗粒在与三维石墨烯结合的同时,其直径由 200~500 nm 降低至 10~20 nm。这一结果表明,机械混合不但可以实现二氧化锰与三维石墨烯的复合,还可以达到减小二氧化锰粒径的目标。

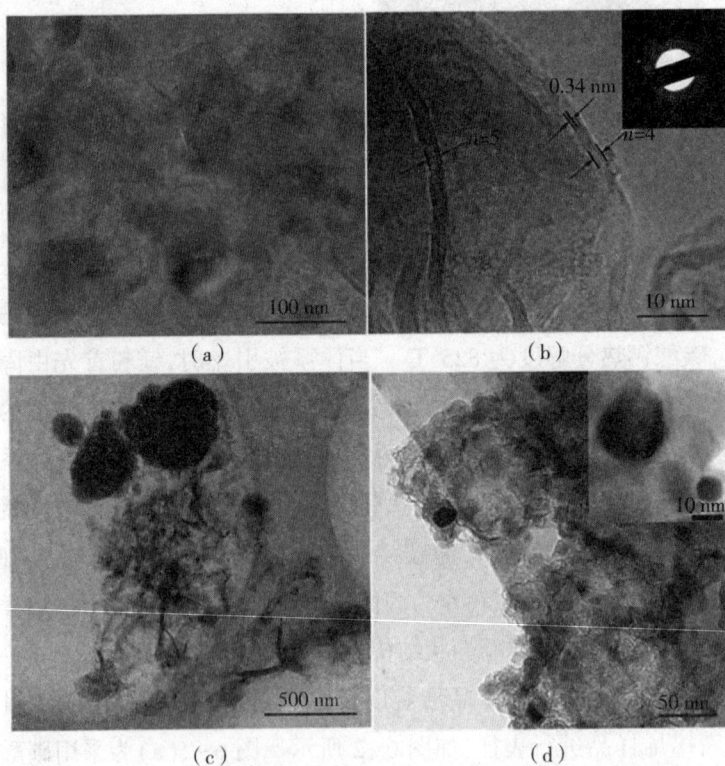

图 6-2 (a)、(b)燃烧合成少层石墨烯以及(c)机械混合 10 min
和(d)机械混合 4 h 的石墨烯/二氧化锰复合电极材料的 TEM 图

6.2.2　石墨烯结构表征

为了进一步确定燃烧合成法制备的石墨烯样品的各元素组成、含量以及分子结构,笔者对不同碳源制备的石墨烯样品进行了 XPS 表征,结果如图 6-3 所示。图 6-3(a)为 G1 样品的 XPS 总谱,从图中可以观察到 Mg 1s(结合能为 1303.7 eV)以及 Ca 2p(结合能为 350.14 eV)元素,证明该样品中含有少量 MgO 及 CaO。表 6-2 给出了不同碳源制备的石墨烯样品中各元素组成及含量。G1 样品中 C 元素含量为 94.18%,说明该样品以 C 元素为主;与此同时,样品中还存在少量的 Mg 元素(1.11%)、Ca 元素(1.01%)和 O 元素(3.70%)。由于样品中 Mg 元素和 Ca 元素以 MgO 及 CaO 形式存在,因此与 C 结合的 O 元素含量约为 1.58%。这一结果表明,G1 样品中只含有少量的碳氧官能团。与 G1 样品不同,采用碳酸镁以及 CO_2 制备的样品中 C 元素含量分别为 91.94%(G2)和 89.43%(G3),略低于 G1 中的 C 元素含量。此外,G2 以及 G3 样品中 Mg 元素含量分别为 2.83% 和 3.22%,均高于 G1 样品中氧化物(CaO 和 MgO)含量(2.12%)。上述结果表明,G1 样品中非导电性氧化物杂质含量较低,因此该样品电化学性能相对更优异。

通过研究石墨烯材料中 C 1s 的 XPS 谱图,可以获得更多的 C 元素价态以及碳氧结合官能团种类等信息。因此笔者对不同碳源燃烧合成法制备的少层石墨烯样品的 C 1s 进行了分峰,并对各峰位对应的官能团类型进行分析,如图 6-3(b)~(d) 所示。研究发现,三种样品中 C 元素以 sp^2(284.4 eV)杂化为主,这与石墨烯典型特征相符合。此外,三种样品中 C 元素与 O 元素结合形成三种含氧官能团:羟基 C—OH(285.5 eV)、羰基 C=O(287.4 eV)以及羧基 O=C—OH(289.6 eV)。

表 6-2　不同碳源燃烧合成石墨烯样品各元素的组成及含量

样品	各元素组成/%			
	C	O	Mg	Ca
G1	94.18	3.70	1.11	1.01
G2	91.94	5.23	2.83	—
G3	89.43	7.35	3.22	—

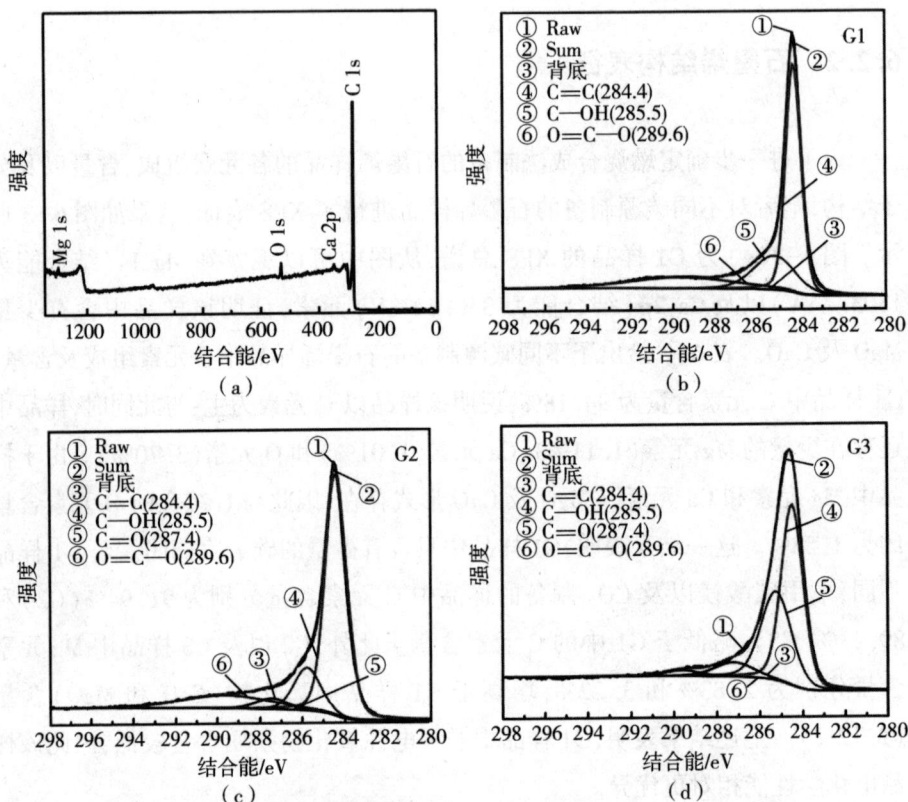

图 6-3 燃烧合成少层石墨烯的 XPS 谱图及各样品的 C 1s 分峰

(a)全谱；(b) G1；(c) G2；(d) G3

　　拉曼光谱可以有效提供石墨烯层数、缺陷密度、无序程度以及掺杂度等重要信息，因此该方法被广泛应用于石墨烯材料的结构表征。图 6-4(a)为不同碳源燃烧合成制备少层石墨烯样品的 Raman 光谱以及与天然石墨 Raman 光谱对比结果。如图 6-4(a)所示，燃烧合成石墨烯样品中有三个特征峰：G 峰（1570 cm⁻¹）、D 峰（1341 cm⁻¹）以及 2D 峰（2678 cm⁻¹）。G 峰对应于一阶拉曼散射，由 sp^2C 原子面内伸缩振动产生；D 峰涉及一个缺陷散射的双共振拉曼过程，该峰可以表征石墨烯的缺陷密度数量；2D 峰为双声子共振拉曼峰，可以表征石墨烯 C 原子间的堆叠方式。与天然石墨 2D 峰（2614 cm⁻¹）相比，燃烧合成法制备的石墨烯 2D 峰峰位发生明显偏移，表明燃烧合成法制备的碳材料具有典型的少层石墨烯特征，这一结果与 TEM 结果相一致。通过研究 D 峰与 G 峰强度比(I_D/I_G)可以获得石墨烯材料中边缘以及缺陷密度数量,因此通过分析图 6-4(a)中各样品 Raman 光谱数据获得不同碳源燃烧合成制备少层石墨烯 I_D/I_G 值,如图 6-4(b)所示。不同碳源燃烧合成制备少层石墨烯样品 I_D/I_G 值分别为 0.32(G1)、0.49(G2)以及 0.94(G3)。这一结果表明,以碳酸钙为碳源制备的少层石墨烯具有较低的缺陷密度,而采用碳酸镁和二氧化碳为碳源制备的石墨烯样品缺陷较多。

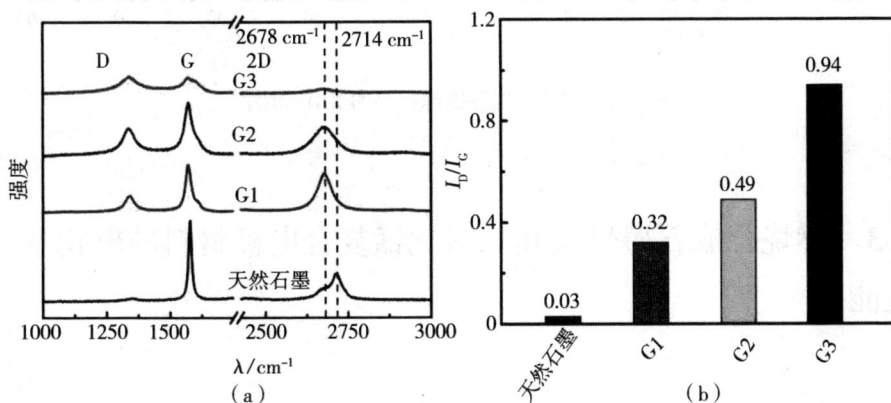

图 6-4　燃烧合成少层石墨烯与天然石墨的(a)Raman 光谱及(b)I_D/I_G 柱状图

图 6-5 为不同碳源燃烧合成制备少层石墨烯的 XRD 测试结果。如图 6-5(a)所示,G1 燃烧合成后未酸洗样品中存在明显的 CaO、MgO 以及 $CaCO_3$ 衍射峰。结果表明,燃烧合成后未酸洗样品中副产物主要是 CaO 和 MgO 以及未反应的 $CaCO_3$。通过盐酸酸洗后石墨烯样品 XRD 谱图中杂质(CaO、MgO 以及未反应的 $CaCO_3$)的衍射峰消失,证明燃烧合成石墨烯样品中大量杂质已基本去除,如图 6-5(b)所示。G1 样品中,在 25.9°以及 43.2°处存在两个明显的衍射峰,这两个衍射峰分别对应于石墨烯(002)晶面以及(100)晶面,这一结果与文献报道的少层石墨烯典型特征峰相符合。

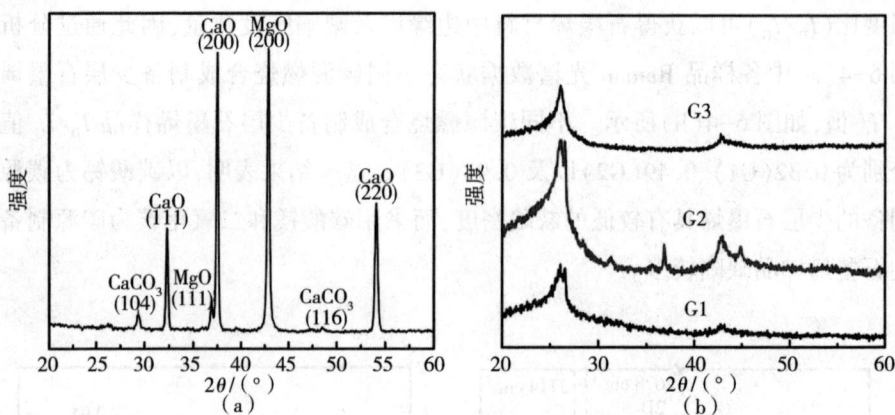

图 6-5　燃烧合成石墨烯样品的 XRD 谱图

6.3　燃烧合成石墨烯及其二氧化锰复合电极材料的电化学性能

6.3.1　燃烧合成石墨烯的电化学性能

图 6-6 为不同碳源燃烧合成制备的少层石墨烯在 $1\ mol \cdot L^{-1}\ Na_2SO_4$ 电解液中的 CV 曲线。G1、G2 和 G3 样品的 CV 曲线均表现出良好的矩形对称性,这一结果表明燃烧合成少层石墨烯电极材料具有良好的可逆性。即使在高扫速下,各样品 CV 曲线依然保持良好的矩形,说明燃烧合成少层石墨烯具备较好的电荷响应速度以及倍率性能。

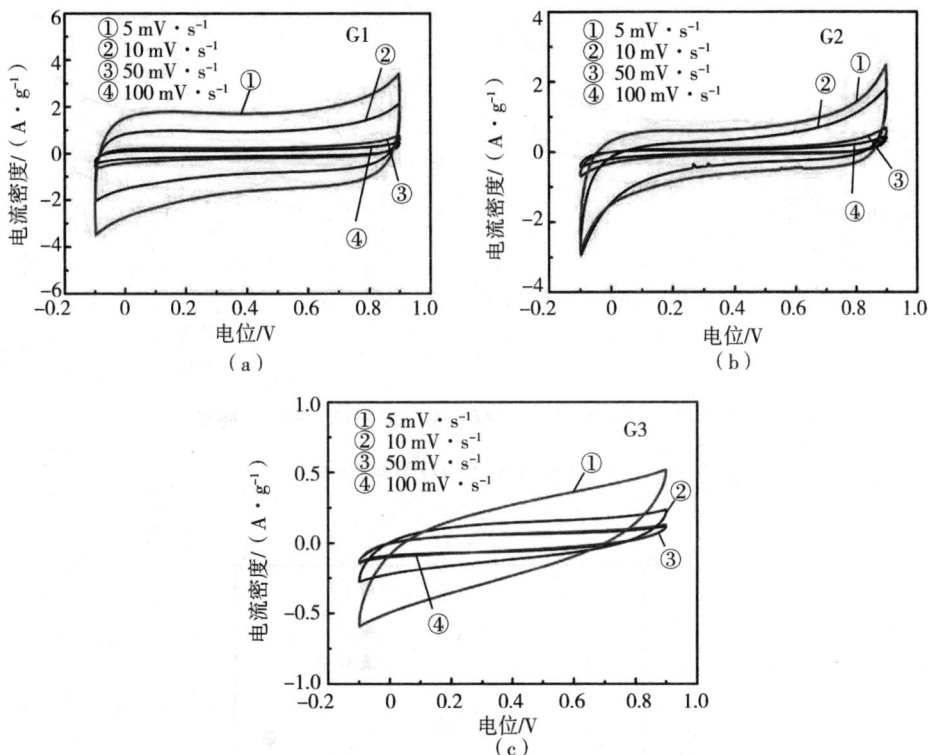

图 6-6　不同扫描速率条件下燃烧合成少层石墨烯的 CV 曲线

（a）G1；（b）G2；（c）G3

图 6-7 为相同扫速下不同碳源燃烧合成的少层石墨烯的 CV 曲线。对比测试数据可知，G1 的 CV 曲线具有最大的面积，而 G3 的 CV 曲线面积最小。这一结果预示着在三个样品中，G1 样品具有较大的电容容量，而 G3 电容容量最小。通过对图 6-7 CV 曲线进行计算，得出了不同碳源燃烧合成少层石墨烯样品在各扫速下的比电容值，如图 6-8 所示。分析数据发现，不同扫速下 G1 比电容值最大，G3 比电容值最小。这一结果主要是不同碳源燃烧合成少层石墨烯非导电性氧化物杂质含量差异导致。

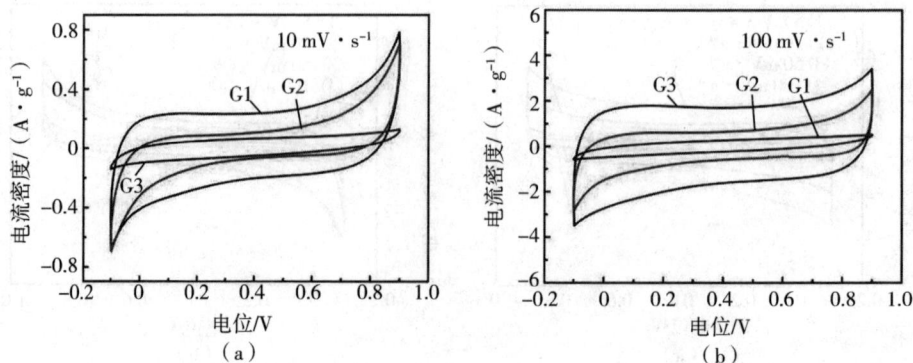

图 6-7　G1、G2 以及 G3 样品在不同扫速下的 CV 曲线

(a) 10 mV·s⁻¹;(b)100 mV·s⁻¹

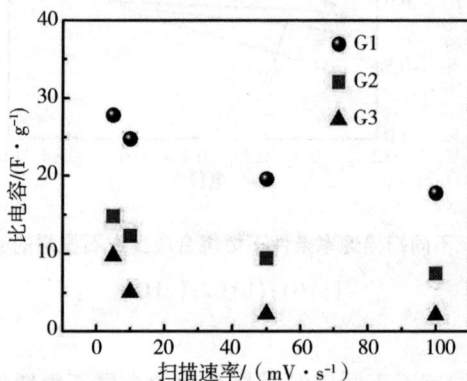

图 6-8　不同 CV 测试中 G1、G2 和 G3 样品的比电容

6.3.2　燃烧合成石墨烯与二氧化锰复合电极材料的电化学性能

图 6-9(a)和图 6-9(b)分别为 2 mV·s⁻¹ 以及 5 mV·s⁻¹ 扫描速率下不同机械混合时间 G1/MnO₂ 样品的 CV 曲线。各扫描速率条件下,不同机械混合时间 G1/MnO₂ 样品的 CV 曲线均表现出良好的矩形对称性,证明该样品具有良好的可逆性。对比图中数据发现,机械混合 10 min 时,样品的 CV 曲线面积较小;当机械混合 1 h 时,样品的 CV 曲线面积显著增大,此后继续延长机械混合时间,G1/MnO₂ 样品的 CV 曲线面积并无明显增加。这一结果表明,机械混合 1 h

后,石墨烯与二氧化锰颗粒已经混合均匀。图 6-9(c) 为 5 mV·s⁻¹ 扫描速率下 G1/MnO₂ 以及 G1 样品的 CV 曲线。对比发现,G1/MnO₂ 样品的 CV 曲线具有较大的面积,预示其比电容也较大。图 6-9(d) 为不同机械混合时间 G1/MnO₂ 以及 G1 样品的比电容结果。与 G1 样品相比,在相同测试条件下 G1/MnO₂ 样品的比电容值获得显著提升;在 5 mV·s⁻¹ 扫描速率下,G1/MnO₂(4 h) 样品的比电容值为 147.2 F·g⁻¹,明显大于 G1(27.8 F·g⁻¹)。与 G1 样品相比,负载二氧化锰后材料的比电容获得显著提升主要是由于在石墨烯骨架上负载二氧化锰颗粒可以提供大量的赝电容,因此 G1/MnO₂ 样品比电容较大。

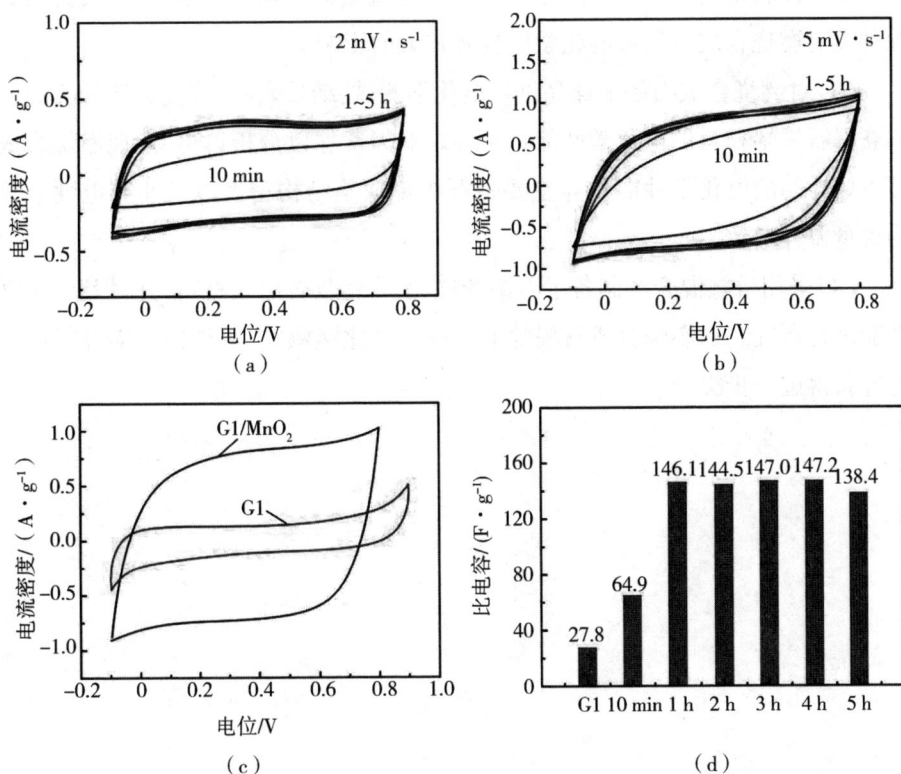

图 6-9 G1 和不同机械混合时间 G1/MnO₂ 样品的(a)~(c)CV 曲线及(d)比电容

6.4 本章小结

本章以镁和多种碳源为原料采用燃烧合成法制备三维石墨烯。该方法引燃反应体系后通过反应物自发燃烧完成石墨烯制备过程,具有反应迅速、容易控制、原料价格低廉以及节能环保等优点。通过对制备的石墨烯进行形貌、结构以及电化学性能表征得出结论如下:

(1)以不同碳源(碳酸钙、碳酸镁以及二氧化碳)作为反应物,可以制备出具有不同形貌结构的三维石墨烯材料,并对其形貌产生机理进行了研究。由于燃烧合成获得的石墨烯具有新颖的三维结构,因此可以有效防止石墨烯片堆砌复合。此外,通过 TEM 表征证明燃烧合成石墨烯为少层石墨烯材料。

(2)通过对燃烧合成石墨烯进行 XPS、Raman 以及 XRD 表征发现,改变碳源种类可以获得具有不同缺陷结构以及不同氧化物含量的石墨烯材料,说明碳源种类对燃烧合成石墨烯的化学结构有较大的影响。

(3)对燃烧合成石墨烯样品进行电化学测试,结果表明,改变碳源种类会影响获得石墨烯材料的电化学性能。对各影响因素加以分析讨论,发现燃烧合成石墨烯样品的电化学性能差异主要是石墨烯缺陷结构密度以及非导电性氧化物含量差异导致。

(4)采用机械混合法制备了石墨烯/二氧化锰复合电极材料,并对其电化学性能进行研究。在燃烧合成石墨烯上负载二氧化锰颗粒,可以使石墨烯材料比电容获得进一步提升。

第7章 自组装法制备三维石墨烯及其电化学性能研究

虽然燃烧合成石墨烯具有新颖的三维结构以及制备方法简单等优点,但是其在中性电解液(Na_2SO_4溶液)中的比电容值还无法满足我们的要求。因此,探索制备具有较大比电容的三维石墨烯材料成为人们的新追求目标。

本章以氧化石墨烯(GO)作为反应物,尝试采用自组装法制备微观三维石墨烯材料(3D RGO)。通过改变还原剂用量实现对微观三维石墨烯表面含氧官能团的控制,研究不同还原程度微观三维石墨烯含氧官能度差异对其电化学性能的影响,探索自组装法制备微观三维石墨烯三维结构的形成机理。

7.1 自组装法制备三维石墨烯

本书采用改进的 Hummer 法制备 GO。取 2 g 天然鳞片石墨加入三颈瓶中,按照体积比 9∶1 分别加入 90 mL 浓硫酸以及 10 mL 浓磷酸,通过磁力搅拌使混合体系均匀。将上述装有反应物的三颈瓶放置于冰水浴中,在磁力搅拌条件下缓慢加入 14 g $KMnO_4$,加入 $KMnO_4$ 过程中控制反应体系温度低于 10 ℃。之后将体系温度升至 50 ℃,在该温度下反应 10 h。待反应体系冷却至室温后,置于冰水浴中缓慢加入去离子水稀释。将产物倒入烧杯中,边搅拌边滴加适量 H_2O_2(30%)至溶液变为金黄色且无气泡产生,如图 7-1(a)所示。将上述产物静置 12 h 后如图 7-1(b)所示。用稀盐酸(10%)以及去离子水反复清洗并离心以去除杂质离子,最后将洗涤至中性的氧化石墨分散于水溶液中保存,如图 7-1(c)所示。将上述制备的氧化石墨溶液稀释到 0.5 mg·mL^{-1},取 200 mL 分散好的氧化石墨溶液放置于超声设备中超声剥离 1 h，即可获得氧化石墨烯分散液，如图 7-2（a）所示。取还原剂 NaHSO₃ 加入氧化石墨烯分散液中，具体比例及样品编号如表 7-1 所示。将上述溶液磁力搅拌 5 min 后，放置于 95 ℃ 水浴中加热反应 3 h。取出制备好的三维石墨烯样品，如图 7-2（b）所示，用去离子水反复清洗去除杂质离子。通过氯化钡溶液检测没有白色沉淀后，冷冻干燥 48 h 去除水分。

表 7-1 自组装法制备三维石墨烯反应物配比及产物名称

反应物配比		产物名称
$NaHSO_3/(mmol \cdot L^{-1})$	$GO/(mg \cdot mL^{-1})$	
1.44	0.5	RGO1
14.40	0.5	RGO2
48.00	0.5	RGO3
96.10	0.5	RGO4

（a）

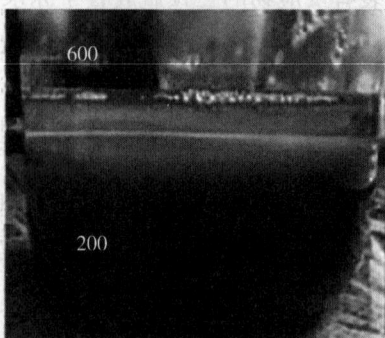

（b）

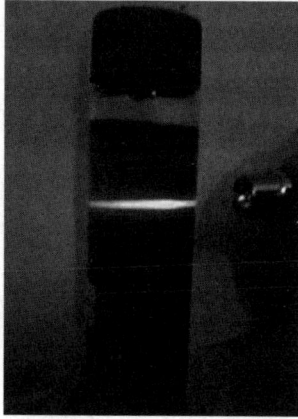

（c）

图 7-1　氧化石墨制备照片

（a）

（b）

图 7-2　（a）氧化石墨烯以及（b）自组装三维石墨烯照片

7.2　自组装三维石墨烯的形貌及结构表征

7.2.1　三维石墨烯形貌表征

图 7-3 给出了自组装法制备三维石墨烯过程中,氧化石墨以及不同还原剂用量制备样品的 SEM 图。如图 7-3(a)所示,氧化石墨样品微观形貌以不规则片状结构为主,石墨片尺寸为 1~4 μm。当还原剂用量为 1.44 mmol·L^{-1} 时,明显发现 RGO1 片状结构尺寸增加(>5 μm)且石墨烯片层增厚,如图 7-3(b)所示。这表明,当还原剂用量为 1.44 mmol·L^{-1} 时,在 95 ℃中,石墨烯片在热运动作用下发生显著的堆叠复合。随着还原剂用量增加至 14.4 mmol·L^{-1},RGO2 呈现出明显的半透明褶皱状片层结构,如图 7-3(c)和图 7-3(d)所示。当还原剂用量达到 48.0 mmol·L^{-1} 时,RGO3 中呈现出明显的三维多孔结构,这种三维孔结构由透明状石墨烯片搭接而成,如图 7-3(e)和图 7-3(f)所示。当还原剂用量为 96.1 mmol·L^{-1} 时,如图 7-3(g)和图 7-3(h)所示,RGO4 三维结构与 RGO3 样品并无明显差别。

上述实验结果表明,还原剂用量的增加会使氧化石墨烯在还原过程中由二维片状转变为三维多孔结构,这种变化主要与石墨烯表面含氧官能团数量变化有关。当还原剂用量较少时,还原后的石墨烯表面仍然带有大量的含氧官能团。这些含氧官能团使得石墨烯材料保持了较高的亲水性和舒展的平面片状形貌,因此在热运动以及范德瓦耳斯力作用下石墨烯容易发生堆叠形成大尺寸厚层片状结构。随着还原剂用量的增大,氧化石墨烯还原程度逐渐增强,氧化石墨烯中大量含氧官能团消失,亲水性的氧化石墨逐步转变为疏水性石墨烯。伴随着疏水性的增强,石墨烯由平整片状转变为褶皱波纹状,这种褶皱波纹状石墨烯片逐步相互靠近形成区域 π-π 共轭键,并将水分排出形成三维多孔结构。

（a）

（b）

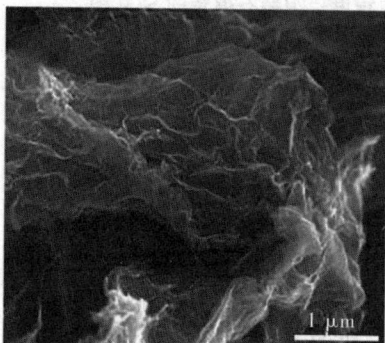
（c）

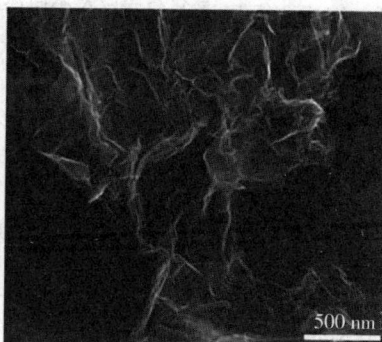
（d）

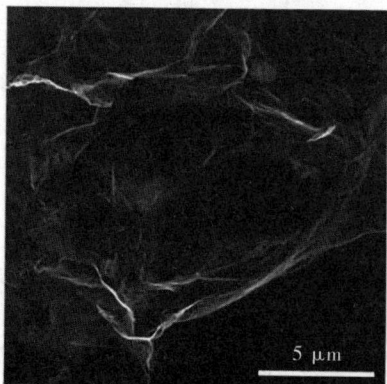
（e）

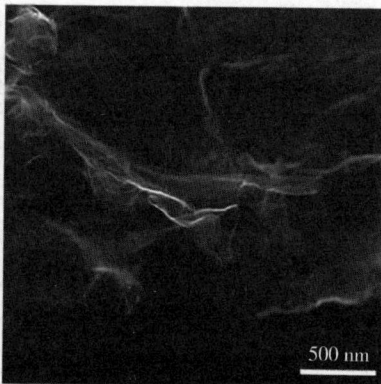
（f）

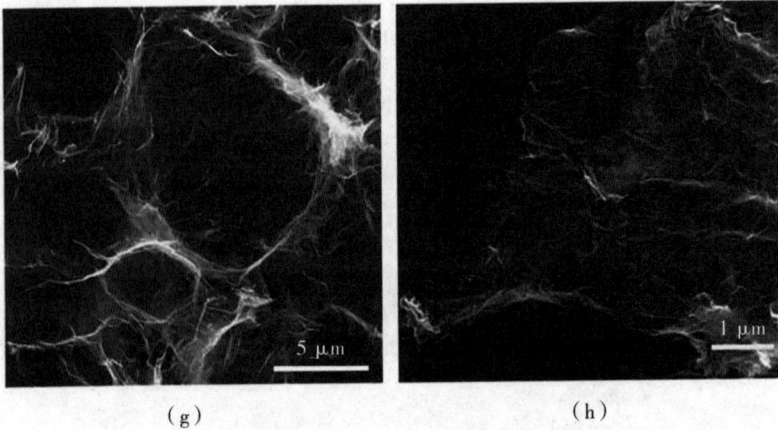

（g）　　　　　　　　　　　　　　（h）

图7-3　氧化石墨以及不同还原程度自组装石墨烯的 SEM 图
（a）氧化石墨；（b）RGO1；（c）、（d）RGO2；（e）、（f）RGO3；（g）、（h）RGO4

7.2.2　三维石墨烯结构表征

图7-4为氧化石墨以及不同还原程度自组装石墨烯 Raman 光谱。如图所示，在不同的样品中均可观察到两个明显的特征峰，分别为 1350 cm^{-1} 处的 D 峰以及 1586 cm^{-1} 处的 G 峰。进一步分析数据发现，氧化石墨与 RGO1 样品中 D 峰和 G 峰的 I_D/I_G 几乎不变，但是随着还原剂用量由 1.44 mmol·L^{-1} 增加至 96.1 mmol·L^{-1}，可以明显观察到 I_D/I_G 值逐渐增大，这一结果与文献报道相符。

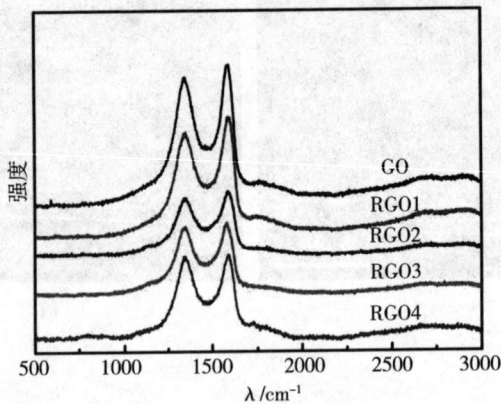

图7-4　氧化石墨以及不同还原程度自组装石墨烯的 Raman 光谱

与氧化石墨相比,当还原剂用量为 1.44 mmol · L⁻¹ 时,由于还原剂用量较小,RGO1 样品中石墨烯片表面依然含有大量含氧官能团,RGO1 与氧化石墨样品中石墨烯片边缘数量以及表面缺陷结构变化不大,因此 RGO1 样品中 I_D/I_G 值与氧化石墨相近。随着还原剂用量由 1.44 mmol · L⁻¹ 增加至 96.10 mmol · L⁻¹,RGO 样品中 I_D/I_G 值明显增大,这主要是由于随着还原剂用量增加 RGO 样品中石墨烯片逐步自组装成三维多孔结构,这一过程会极大地增加石墨烯片边缘数量从而使 D 峰增强;此外随着还原程度的加深,sp^2C 结构区域尺寸会明显减小,这也会导致 RGO 样品中 I_D/I_G 值明显增大。

图 7-5 为氧化石墨以及不同还原程度自组装石墨烯的 XRD 测试结果。如图所示,在氧化石墨样品中可观察到在 2θ 在 10.3°处有一个较强的特征峰,对应氧化石墨中(002)晶面(间距为 0.83 nm),该值明显大于天然鳞片石墨中(002)晶面(间距为 0.334 nm,$2\theta=26.5°$),这主要是由于天然鳞片石墨被氧化后石墨片层间引入大量含氧官能团,从而导致(002)晶面间距显著增加。随着还原剂用量由 1.44 mmol · L⁻¹(RGO1,$2\theta=12.7°$)增加至 48.00 mmol · L⁻¹(RGO3,$2\theta=23.3°$),样品(002)特征峰 2θ 值明显增大并宽化。这表明随着还原剂用量的增加,石墨片层间含氧官能团被还原去除,从而导致(002)晶面间距减小。当还原剂用量为 48.00 mmol · L⁻¹ 时,RGO3 样品中(002)晶面间距为 0.375 nm,此后再增加还原剂用量至 96.10 mmol · L⁻¹,样品 2θ 几乎消失。上述结果表明随着还原剂用量增加,样品中含氧官能团逐渐被去除。

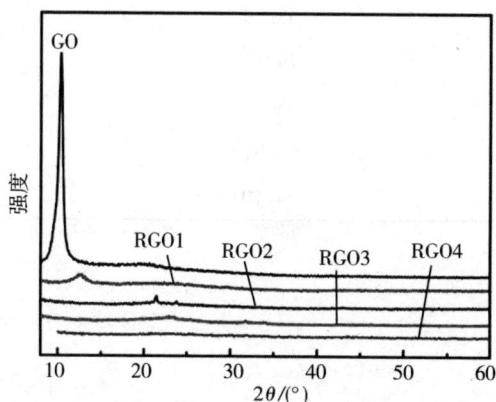

图 7-5　氧化石墨以及不同还原程度自组装石墨烯的 XRD 谱图

  图 7-6 为氧化石墨以及不同还原程度自组装石墨烯 C 1s 的 XPS 测试结果。如图 7-6(a)所示,在氧化石墨样品中可以确定含有以下官能团:C=C(284.5 eV)、C—C(285.4 eV)、C—OH(286.4 eV)、C—O—C(287.2 eV)、O=C—O(288.8 eV)以及 O=C(287.8 eV)。表明经过强氧化过程,氧化石墨中含有大量的含氧官能团。当还原剂用量为 1.44 mmol·L^{-1} 时,RGO1 样品中 C—O—C 官能团消失,表明氧化石墨中环氧官能团首先被还原。此外,C—OH、O=C—O 以及 O=C 含量也明显下降,如图 7-6(b)所示。表 7-2 给出了氧化石墨以及不同还原程度自组装石墨烯 C 1s 以及 O 元素含量。与氧化石墨相比,RGO1 样品中 O 元素含量(20.88%)明显降低,这一结果与 RGO1 XPS 图谱分析结果相一致。当还原剂用量为 48.00 mmol·L^{-1} 时,RGO2 样品中含氧官能团数量继续减小,样品中 O 元素含量降至 14.02%。在 RGO2 样品的 C 1s XPS 图谱中观察到在 291 eV 处出现了 π-π* 峰,该峰属于 C=C 协同振动峰,如图 7-6(c)所示。π-π* 峰是芳香族碳环或者共轭体系的特征峰,此峰的出现表明 RGO 样品中缺陷较少。当还原剂用量为 96.10 mmol·L^{-1} 时,RGO4 样品中 O=C—O 消失,该样品中 O 元素含量降至 5.90%,而 C 元素含量增加至 94.10%。这表明,随着还原剂用量的增加,RGO 中含氧官能团含数量逐步减少。

表 7-2 氧化石墨以及不同还原程度自组装石墨烯 C 1s 以及 O 元素含量

样品	C 1s 含量/%	O 含量/%
GO	58.49	41.51
RGO1	79.12	20.88
RGO2	85.98	14.02
RGO3	93.97	6.03
RGO4	94.10	5.90

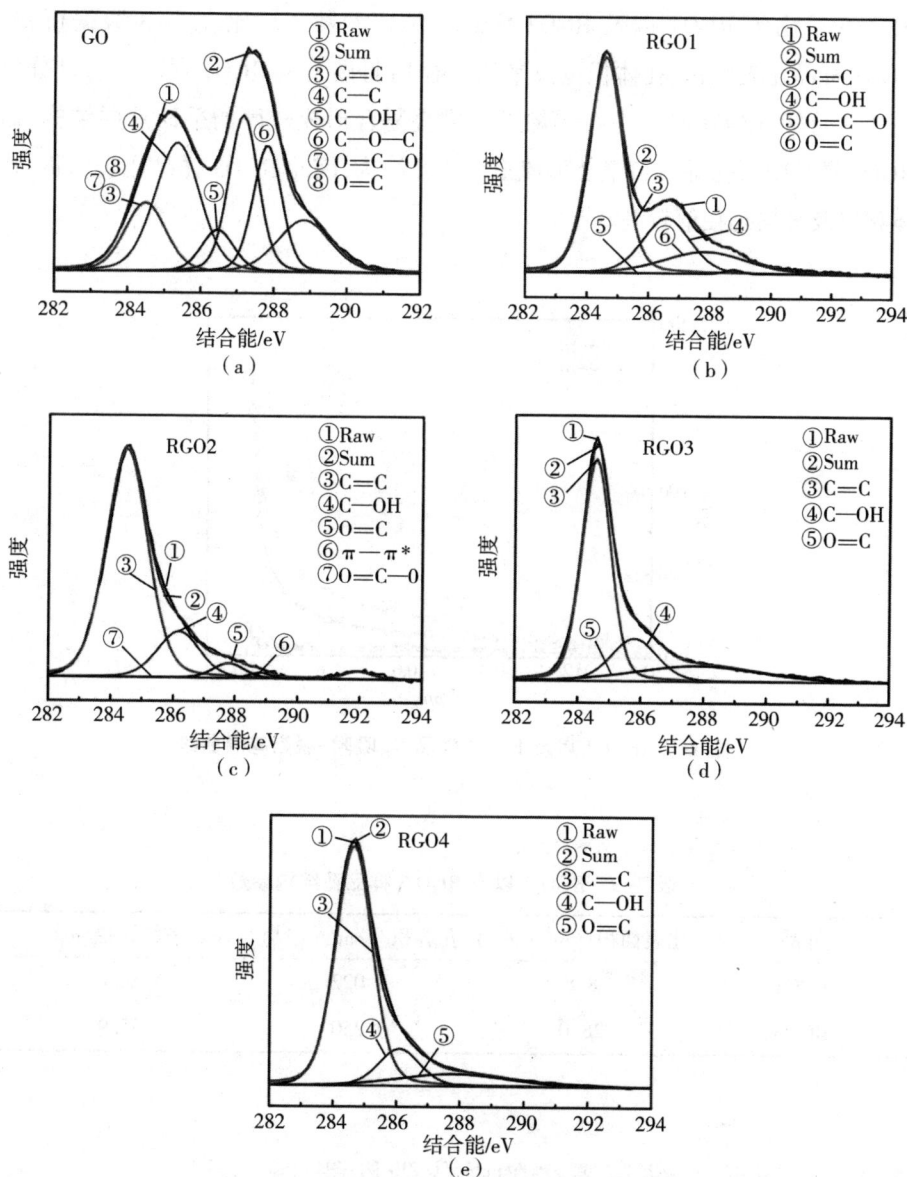

图 7-6　氧化石墨以及不同还原程度自组装石墨烯 C 1s 的 XPS 谱图

（a）氧化石墨；（b）RGO1；（c）RGO2；（d）RGO3；（e）RGO4

图 7-7 为 RGO1 以及 RGO3 样品 N$_2$ 吸附-脱附等温曲线。如图所示，RGO1 以及 RGO3 样品表现出 IV 型等温吸脱-附曲线特征，在 $0.45 < p/p_0 < 1.0$ 呈现出明显的 H3 型滞后环，表明 RGO 样品中孔结构以介孔（2~50 nm）为主。

表7-3给出了 RGO1 以及 RGO3 样品孔结构参数。对比表7-3数据可知，RGO3 样品比表面积、孔体积以及平均孔径均明显大于 RGO1 样品。通过分析图7-3可知，RGO1 样品中石墨烯发生堆叠复合形成较厚的平面片层结构，而 RGO3 样品中石墨烯片自组装形成三维多孔结构，因此 RGO3 样品比表面积、孔体积以及平均孔径值较高。

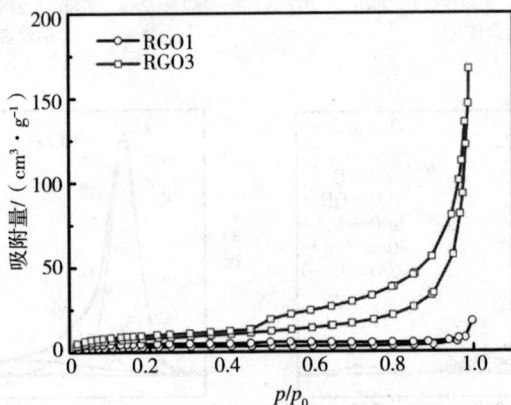

图7-7　RGO1 以及 RGO3 样品 N_2 吸附-脱附等温曲线

表7-3　RGO 1 以及 RGO 3 样品孔结构参数

样品	比表面积/$(m^2 \cdot g^{-1})$	孔容积/$(cm^3 \cdot g^{-1})$	平均孔径/nm
RGO1	8.8	0.022	9.8
RGO3	28.0	0.250	35.9

7.3　自组装三维石墨烯的电化学性能

图7-8为不同还原程度自组装石墨烯的 CV 曲线。对于不同还原程度自组装石墨烯样品，CV 曲线面积均随着扫描速率的提升而增大。如图7-8(a)~(c)所示，随着还原剂用量由 1.44 $mmol \cdot L^{-1}$ 增加至 48.00 $mmol \cdot L^{-1}$，自组装石墨烯 CV 曲线逐渐接近对称的矩形。这一结果表明，随着还原程度的加深，自组装石墨烯倍率性能获得显著提升，并表现出理想的双电层电容行为。当还原剂用量

由 48.00 mmol · L^{-1} 增加至 96.10 mmol · L^{-1} 时,RGO4 样品的 CV 曲线面积有所下降,并且 CV 曲线与矩形略有偏离,如图 7-8(d)所示。

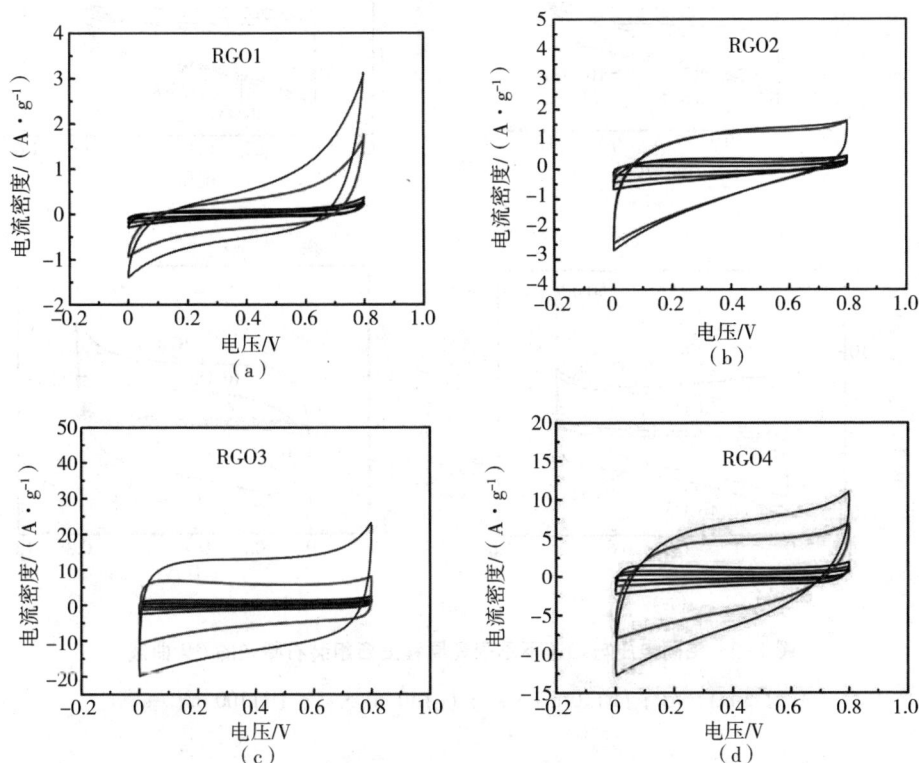

图 7-8　不同还原程度自组装石墨烯的 CV 曲线

(由内到外扫描速率分别为 2 mV · s^{-1}、5 mV · s^{-1}、10 mV · s^{-1}、50 mV · s^{-1} 以及 100 mV · s^{-1})

(a)RGO1; (b)RGO2; (c)RGO3; (d)RGO4

图 7-9 为相同电压及扫描速率下不同还原程度自组装石墨烯的 CV 曲线。对比分析数据发现,RGO3 样品在相同电压及扫描速率下均表现出较大的面积以及较好的矩形对称性。尤其在高扫描速率(100 mV · s^{-1})条件下,与其他样品相比,RGO3 样品依然保持了较好的矩形,说明该样品具有较优异的电解质离子扩散速率以及良好的倍率性能。

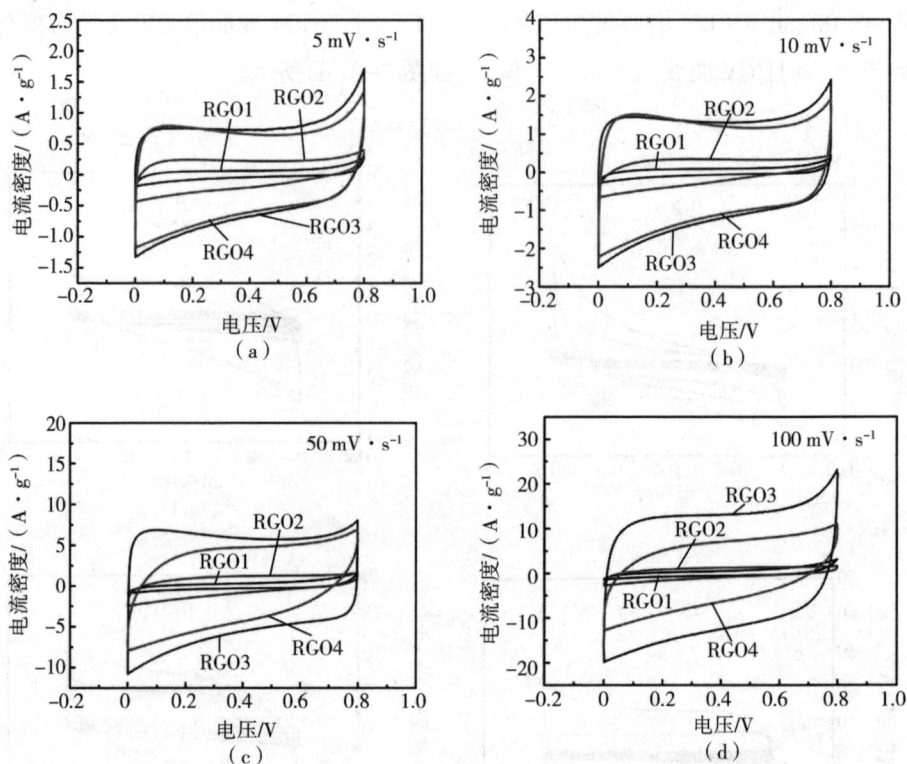

图 7-9 相同电压与扫速下不同还原程度自组装石墨烯的 CV 曲线

(a) 5 mV·s⁻¹; (b) 10 mV·s⁻¹; (c) 50 mV·s⁻¹; (d) 100 mV·s⁻¹

通过对不同还原程度自组装石墨烯 CV 曲线进行积分,计算出各电压、扫描速率下石墨烯样品比电容值,如图 7-10 所示。当还原剂用量由 1.44 mmol·L⁻¹ 增加至 48.00 mmol·L⁻¹ 时,相同测试电压及扫描速率下,自组装石墨烯样品比电容值由 18.5 F·g⁻¹(2 mV·s⁻¹)提高到 153.0 F·g⁻¹(2 mV·s⁻¹)。导致不同还原程度自组装石墨烯比电容值显著提升的主要原因是石墨烯样品导电性、亲水性以及孔结构的差异。

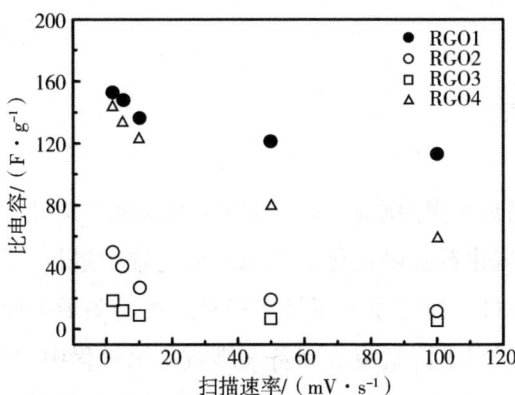

图 7-10　不同还原程度自组装石墨烯的比电容

采用化学氧化法制备氧化石墨时,由于石墨表面 sp^2C 被氧化导致共轭 π 键消失,因此氧化石墨几乎没有导电性。当以氧化石墨为反应物通过化学还原法制备石墨烯时,随着还原剂用量的增加氧化石墨烯上大量的含氧官能团被去除,sp^2C 逐步被修复形成区域共轭 π 键,因此自组装石墨烯导电性获得提升,从而使 RGO3 样品具备较高的电子传输能力。

此外,通过 SEM 以及 N_2 吸附-脱附等温曲线分析结果可知,随着还原剂用量由 1.44 mmol·L^{-1} 增加至 48.00 mmol·L^{-1},自组装石墨烯微观形貌由平面片状转变为三维多孔结构;与 RGO1 相比,RGO3 样品比表面积、孔体积以及平均孔径均获得显著提升。丰富的三维多孔结构以及较大的比表面积在增加电解质离子进出通道的同时,提高了参与电化学反应的有效石墨烯表面数量,因此可以产生较大的比电容。对比 RGO3 与 RGO4 样品的比电容值可以发现,相同测试条件下 RGO4 样品比电容值要低于 RGO3 样品,尤其是在高扫速(50~100 mV·s^{-1})下,RGO4 样品比电容发生明显的衰减。这一结果表明,与 RGO3 样品相比,RGO4 样品倍率性能较差。由 XPS 数据分析结果可知,当还原剂用量由 48.0 mmol·L^{-1} 继续增加至 96.1 mmol·L^{-1},石墨烯中含氧官能团数量进一步降低,样品亲水性减弱。这一结果将导致水系电解质难以浸润到三维石墨烯孔结构内部,从而使能够形成双电层电容的有效石墨烯表面降低,所以 RGO4 样品倍率性能较差。

综上所述,适当的还原剂用量在保证石墨烯对水系电解液浸润性的同时,有助于提高自组装石墨烯导电性以及优化三维多孔结构,从而提升石墨烯材料的电化学性能。

7.4 本章小结

本章以天然鳞片石墨为原料,采用化学氧化法制备氧化石墨烯。以化学还原法为基础,通过氧化石墨烯在化学还原反应过程中进行自组装,制备三维多孔石墨烯材料。通过改变还原剂用量实现对三维石墨烯表面含氧官能团种类以及数量的控制,研究了自组装法制备三维石墨烯过程中,其多孔结构形成与还原剂用量关系。在此基础上,进一步研究了还原剂用量对三维多孔石墨烯材料电化学性能的影响。通过对制备的石墨烯材料进行形貌、结构以及电化学性能表征得出主要结论如下:

(1)还原剂用量的增加会使石墨烯表面含氧官能团数量逐步降低,石墨烯样品逐渐由亲水性材料转变为疏水性材料。随着疏水性增强,石墨烯由平整片状转变为褶皱波纹状。这种褶皱波纹状石墨烯片逐步相互靠近,形成区域 $\pi-\pi$ 共轭键,并将水分排出形成三维多孔结构。

(2)通过对不同还原程度自组装石墨烯进行结构表征(Raman、XRD、XPS以及BET),研究还原剂用量对石墨烯材料缺陷密度、晶体结构、石墨烯表面官能团种类和碳氧元素含量以及三维孔结构的影响。研究发现,当还原剂用量由 $1.44\ \mathrm{mmol \cdot L^{-1}}$ 增加到 $48.00\ \mathrm{mmol \cdot L^{-1}}$ 时,石墨烯样品中含氧官能团数量显著降低,样品比表面积、孔体积以及平均孔径明显增加,说明还原剂用量会对自组装石墨烯表面官能团组成以及孔结构参数产生较大影响。

(3)通过对不同还原程度自组装石墨烯样品进行电化学测试发现,适当的还原剂用量可以在保持石墨烯对电解液浸润性的同时,提高材料比表面积以及三维孔含量,改善自组装石墨烯材料的导电性,增加电解质离子进出通道和参与电化学反应的有效石墨烯表面数量,进而获得具有优异电化学性能的超级电容器电极材料。

第8章 反相微乳液法制备
二氧化锰/三维石墨烯及其电化学性能研究

通过氧化石墨烯自组装法，笔者成功制备了三维多孔石墨烯材料，并且证明该材料具有较好的电化学性能。但是，由于石墨烯材料的储能机理主要为双电层电容储能，限制了石墨烯材料理论比电容值仅为 550 F·g^{-1}，与实际应用的需求还有很大的差距。

为获得电化学性能更加优异的超级电容器电极材料，克服石墨烯比电容较小的缺点，本章尝试采用反相微乳液法制备二氧化锰/三维石墨烯(MnO$_2$/3D RGO)超级电容器电极材料。利用三维石墨烯亲油疏水的特点，以反相微乳液为反应体系，制备出不同形貌的二氧化锰纳米颗粒并实现其与三维石墨烯的良好复合。通过改变反应体系中水相含量，实现对 MnO$_2$/3D RGO 复合电极材料中二氧化锰负载量的控制。研究反相微乳液合成体系中水相含量差异对 MnO$_2$/3D RGO 复合电极材料微观形貌、化学结构以及电化学性能的影响。

8.1　二氧化锰/三维石墨烯复合电极材料的制备

三维石墨烯(3D RGO)采用氧化石墨烯自组装法制得，还原剂为 NaHSO$_3$，用量为 48.0 mmol·L^{-1}。

首先将 50 mL 环己烷(油相)、57.1 mL 异丙醇(助乳化剂)以及 16.7 mL OP-10 乳化剂混合，磁力搅拌至体系呈均一透明状。为了确定该体系是否为反相微乳液(W/O)，笔者通过改变水相与表面活性剂物质的量比例($W=$[H$_2$O]/[表面活性剂])来确定该微乳液体系可容纳水分散相上限。当分散介质中加入

101

14 mL 去离子水（$W=36$）后，分散体系呈半透明状，经过磁力搅拌后分散体系由半透明状转变为透明状。继续加入 4 mL 去离子水（$W=47$），经过磁力搅拌后分散体系呈现半透明状，说明此时体系依然为反相微乳液。再加入 17 mL 去离子水（$W=91$），经过磁力搅拌后体系为浑浊状态，说明此时体系由微乳液转变为乳液。因此，本书为保证分散体系为反相微乳液，在制备 MnO_2/3D RGO 复合电极过程中控制加入分散介质中的水溶液含量分别为 $W=10$、26、36。

图 8-1 为反相微乳液法制备 MnO_2/3D RGO 复合电极材料示意图。首先将 50 mL 环己烷（油相）、57.1 mL 异丙醇（助乳化剂）以及 16.7 mL OP-10 乳化剂混合，磁力搅拌至体系呈均一透明状。然后将 0.01 g 三维石墨烯加入上述体系中，超声分散均匀。将分散有 3D RGO 的油相体系溶液均匀分为两份，在磁力搅拌条件下滴加 $KMnO_4$ 和 $MnSO_4$ 溶液（水相）于油相中。调节水相与表面活性剂物质的量比例分别为 10、26、36，相应的二氧化锰质量分数与 W 关系如表 8-1 所示。将两份微乳液在磁力搅拌条件下缓慢混合，混合后保持反应体系温度为 28 ℃，微乳液反应 14 h。反应结束后，通过抽滤方法将得到的 MnO_2/3D RGO 复合电极材料粉体与溶液体系分离，采用乙醇以及去离子水反复清洗得到的粉体，以去除 MnO_2/3D RGO 复合电极材料表面的有机溶剂和表面活性剂。将清洗好的 MnO_2/3D RGO 粉体冷冻干燥 48 h，去除水分。将 MnO_2（66.4%）/3D RGO 样品粉体放置于真空干燥箱内，分别在 150 ℃ 以及 250 ℃ 条件下真空煅烧 4 h。

表 8-1　样品分类以及相应的二氧化锰含量

样品	$W=[H_2O]/[$表面活性剂$]$	二氧化锰质量分数/%
MnO_2（26.6%）/3D RGO	10	26.6
MnO_2（58.9%）/3D RGO	26	58.9
MnO_2（66.4%）/3D RGO	36	66.4

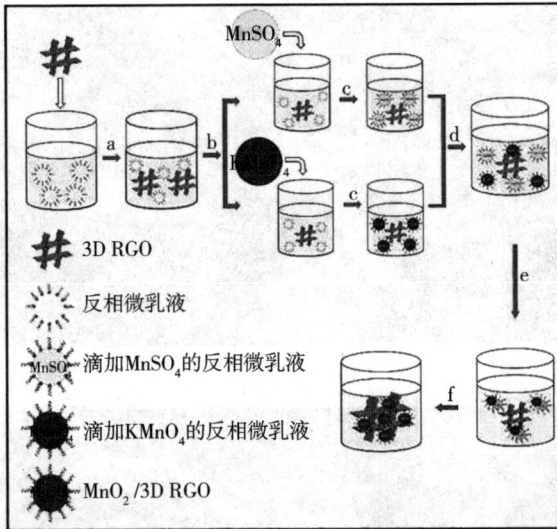

图 8-1　反相微乳液法制备 MnO_2/3D RGO 复合电极材料示意图

8.2　二氧化锰/三维石墨烯复合电极材料的形貌及结构表征

8.2.1　二氧化锰/三维石墨烯形貌表征

　　图 8-2 为 3D RGO、MnO_2(26.6%)/3D RGO 以及 MnO_2(66.4%)/3D RGO 样品的 SEM 图。从图 8-2(a)和图 8-2(b)中可以发现由石墨烯片搭接而成的三维多孔结构,孔直径为 2~5 μm。在氧化石墨烯还原过程中,随着亲水性的氧化石墨烯逐步被还原成疏水性的石墨烯,氧化石墨烯上原有的大量含氧官能团消失,样品的疏水性显著提高。随着样品由亲水性材料转变为疏水性材料,石墨烯片排出体系内的水分并相互搭接形成三维多孔结构。具有三维多孔结构的石墨烯材料可以提供双电层电容,而且拥有高导电性的石墨烯片在提高电子传送能力的同时,由其构成的相互贯穿的孔道网络也有助于电解质离子的传输。

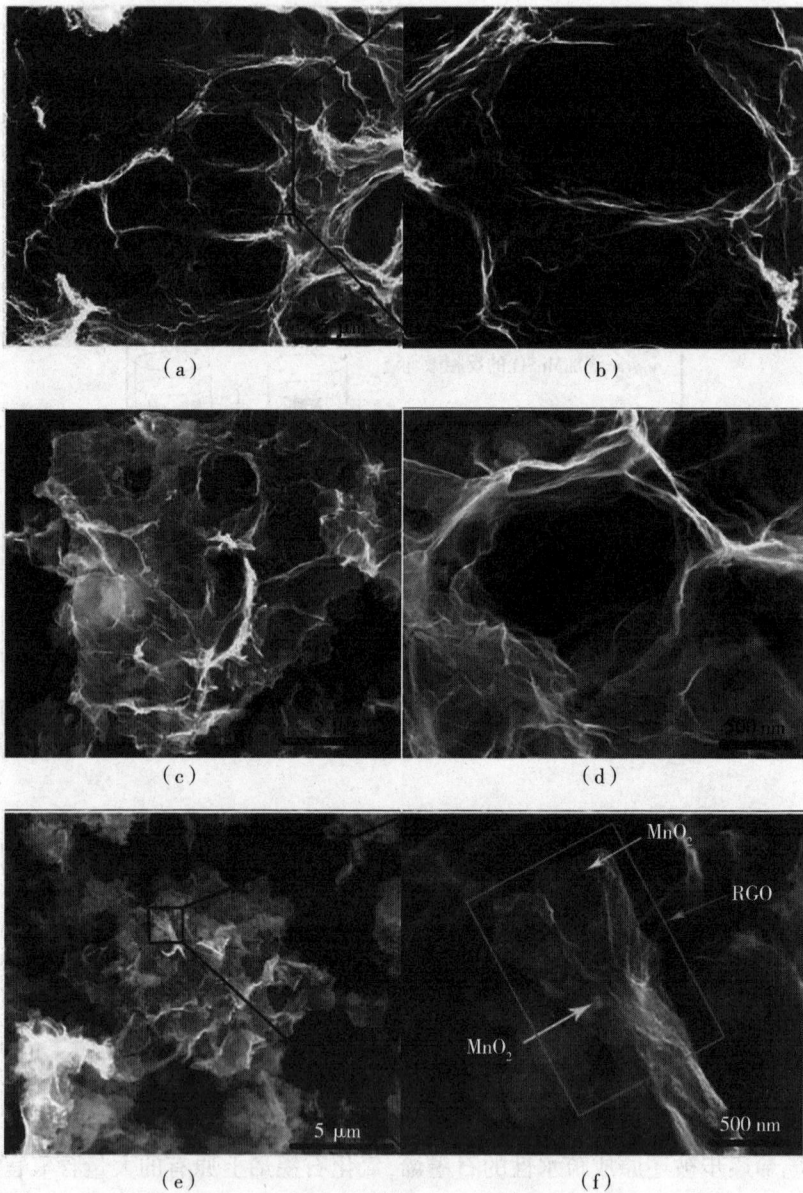

图 8-2　3D RGO 以及 MnO$_2$/3D RGO 的 SEM 图

(a)、(b)3D RGO; (c)、(d)MnO$_2$(26.6%)/3D RGO; (e)、(f)MnO$_2$(66.4%)/3D RGO

　　从图 8-3(a)中可以明显观察到由半透明的石墨烯片构建的三维结构。与 3D RGO 相比,MnO$_2$(26.6%)/3D RGO 样品中石墨烯片由半透明转变为不透明,这主要是由于负载了二氧化锰,如图 8-3(b)所示。此外,从图 8-3(b)中还可以观察到微米级孔结构,这一结果与 SEM 测试结果一致。图 8-3(b)中插图为 MnO_2(26.6%)/3D RGO 样品的 EDX 测试结果。测试结果表明,选定区域主要由 C、O 和 Mn 元素构成,少量的 Cu 元素来自于测试所用的铜网。图 8-3(c)为 MnO_2(26.6%)/3D RGO 样品 HTEM 图,二氧化锰纳米粒子呈现棒状,直径为 3~10 nm,长度为 20~40 nm。图 8-3(d)和图 8-3(e)为 MnO_2(66.4%)/3D RGO 样品的 TEM 图,可以明显观察到石墨烯结构,石墨烯片层晶面间距约为 0.4 nm,这一结果与石墨(002)晶面间距(0.335 nm)接近。与 MnO_2(26.6%)/3D RGO 样品不同,MnO_2(66.4%)/3D RGO 样品中二氧化锰纳米颗粒呈不规则球状,其直径约为 20 nm。图 8-3(f)为 MnO_2(66.4%)/3D RGO 样品中二氧化锰纳米颗粒的 HTEM 图,在图中可以明显观察到二氧化锰纳米颗粒晶面间距为 2.39 Å,这一结果与 $\alpha-MnO_2$(211)晶面间距相吻合。

（a）

（b）

（c）

（d）

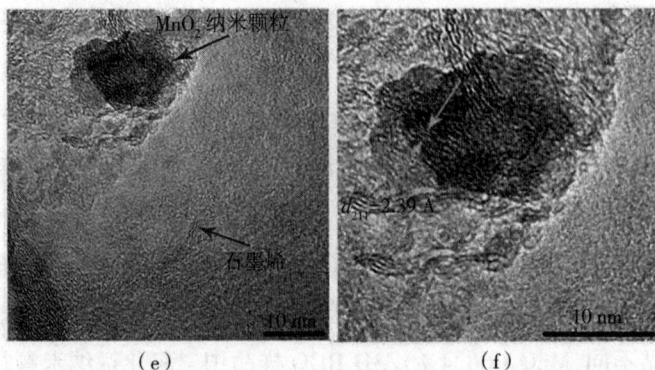

图 8-3　3D RGO 以及 MnO₂/3D RGO 的 TEM 图及 EDS 图

(a)3D RGO；(b)、(c)MnO₂(26.6%)/3D RGO 及其 HTEM 图；

(d)~(f)MnO₂(66.4%)/3D RGO 及其 HTEM 图

与此不同，当水相含量较高时，由于微相内自由水分子含量增加，乳胶粒内纳米粒子趋向于各方向同时生长，因此当 W 值较高时获得的纳米二氧化锰颗粒呈不规则球状。

8.2.2　二氧化锰/三维石墨烯结构表征

图 8-4 为 MnO₂(66.4%)/3D RGO 样品的 XPS 测试结果。测试结果表明，MnO₂(66.4%)/3D RGO 样品主要是由 C、O 和 Mn 元素组成，如图 8-4(a)所示。表 8-2 给出了 MnO₂/3D RGO 样品各元素含量。从图 8-4(b)中可以观察到在结合能在 531.9 eV 以及 530.1 eV 处出现两个明显的特征峰，这两个特征峰分别属于 O—C(O 1s) 以及二氧化锰中 O—Mn(O 1s)。图 8-4(c)为 MnO₂(66.4%)/3D RGO 样品中 C 1s 分峰结果，MnO₂(66.4%)/3D RGO 样品中含有以下官能团：C=C(284.5 eV)、C—O(286.4 eV) 以及 O=C(288.0 eV)。以图 8-4(d)中可以观察到 Mn 2p₁/₂(653.7 eV) 以及 Mn 2p₃/₂(642.0 eV) 两个特征峰，这两个峰位相差 11.7 eV，这一结果证明成功合成了二氧化锰。

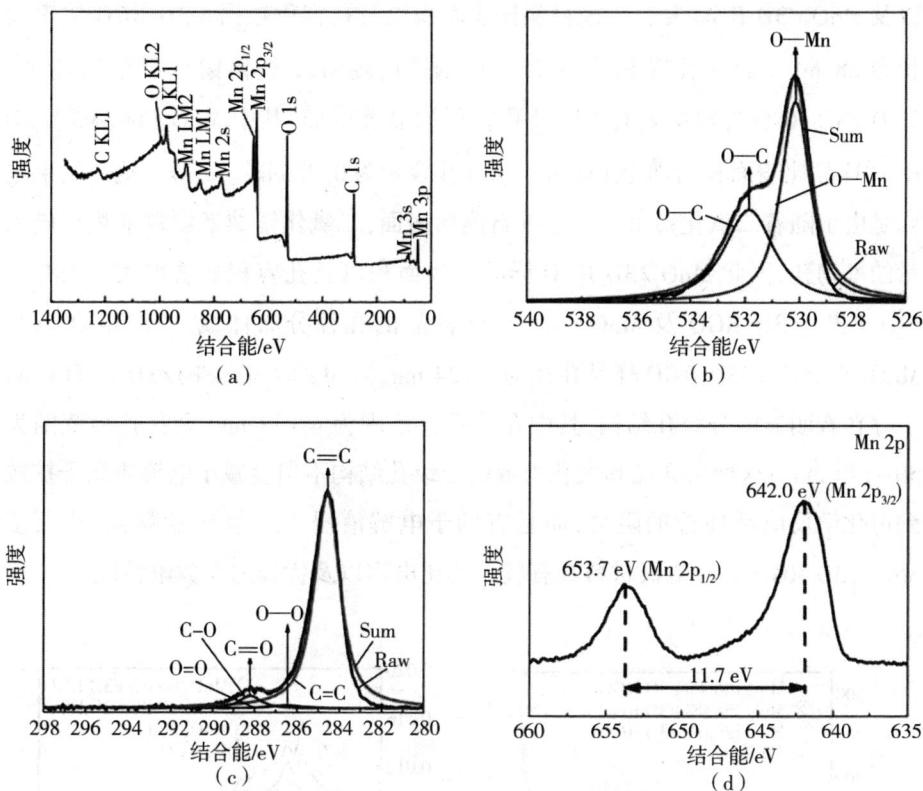

图 8-4　MnO$_2$(66.4%)/3D RGO 样品的 XPS 谱图

(a)总谱;(b)O 1s;(c)C 1s;(d)Mn 2p

表 8-2　MnO$_2$/3D RGO 样品各元素含量

元素种类	各元素含量/%		
	MnO$_2$(26.6%)/ 3D RGO	MnO$_2$(58.9%)/ 3D RGO	MnO$_2$(66.4%)/ 3D RGO
C	75.22	51.85	47.88
O	20.27	35.34	36.79
Mn	4.51	12.81	15.33

图 8-5 为 3D RGO 及 MnO$_2$/3D RGO 样品 N$_2$ 吸附-脱附等温曲线。如图 8-5(a)所示,3D RGO 以及 MnO$_2$/3D RGO 复合电极材料 N$_2$ 吸附曲线呈现Ⅳ型,明显的 H3 型滞后环表明材料中存在大量的介孔。表 8-3 给出了 3D RGO

以及 MnO_2/3D RGO 复合电极材料比表面积以及孔容积数据。3D RGO 比表面积为 $28\ m^2 \cdot g^{-1}$（孔容积为 $0.25\ cm^3 \cdot g^{-1}$），随着二氧化锰负载量的增加，MnO_2/3D RGO 材料比表面积以及孔容积均显著增加，其中 MnO_2(66.4%)/3D RGO 样品比表面积增加至 $142\ m^2 \cdot g^{-1}$（孔容积为 $0.72\ cm^3 \cdot g^{-1}$）。这一结果主要是由于随着二氧化锰负载于三维石墨烯表面，二氧化锰纳米颗粒堆积形成大量的堆砌孔，因此 MnO_2/3D RGO 样品比表面积以及孔容积显著增大。图 8-5 (b)给出了 3D RGO 及 MnO_2/3D RGO 样品的孔径分布曲线。3D RGO 以及 MnO_2(26.6%)/3D RGO 样品孔径为 4~24 nm；而 MnO_2(66.4%)/3D RGO 样品中存在着明显的分级孔结构，其中介孔孔径范围为 4~28 nm，大孔孔径范围为 50~170 nm。这种由介孔和大孔组成的分级孔结构不但会减小电解质离子扩散到电化学反应活性位的阻力，而且有助于电解液浸入二氧化锰颗粒，从而使 MnO_2/3D RGO 复合电极材料具有较大的比电容以及优异的充放电性能。

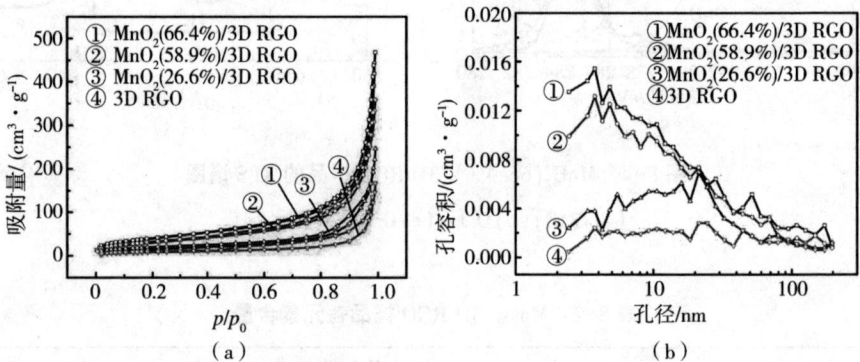

图 8-5　3D RGO 和 MnO_2/3D RGO 样品(a) N_2 吸附-脱附等温曲线以及(b)孔径分布

表 8-3　3D RGO 以及 MnO_2/3D RGO 样品比表面积以及孔容积

样品	MnO_2 含量/%	比表面积/($m^2 \cdot g^{-1}$)	孔容积/($cm^3 \cdot g^{-1}$)
3D RGO	0	28	0.25
MnO_2(26.6%)/3D RGO	26.6	53	0.37
MnO_2(58.9%)/3D RGO	58.9	111	0.55
MnO_2(66.4%)/3D RGO	66.4	142	0.72

8.3　二氧化锰/三维石墨烯复合电极材料的电化学性能

图 8-6 为 MnO_2/3D RGO 的 CV 曲线,其中图 8-6(a)~(c)为同一样品不同扫描速率下的 CV 测试曲线,扫描速率由内到外分别为 2 mV·s^{-1}、5 mV·s^{-1}、10 mV·s^{-1}、50 mV·s^{-1} 以及 100 mV·s^{-1};图 8-6(d)~(f)为相同扫描速率下 MnO_2(66.4%)/3D RGO、MnO_2(58.9%)/3D RGO 以及 MnO_2(26.6%)/3D RGO 样品的 CV 测试曲线。如图 8-6(a)~(c)所示,随着扫描速率的增加样品 CV 曲线面积增大;各样品在不同扫描速率测试条件下,CV 曲线均体现出较好的矩形对称性,表明 MnO_2/3D RGO 样品具有较理想的电容特性以及优异的充放电性能。由图 8-6(d)~(f)可知,相同扫描速率下 MnO_2(66.4%)/3D RGO 样品的 CV 曲线与 MnO_2(58.9%)/3D RGO 以及 MnO_2(26.6%)/3D RGO 样品相比具有较大的面积,这一结果预示着 MnO_2(66.4%)/3D RGO 样品具有较大的比电容。

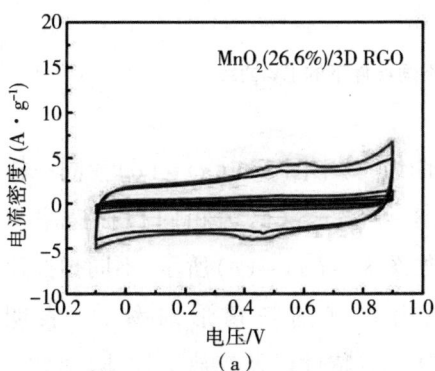

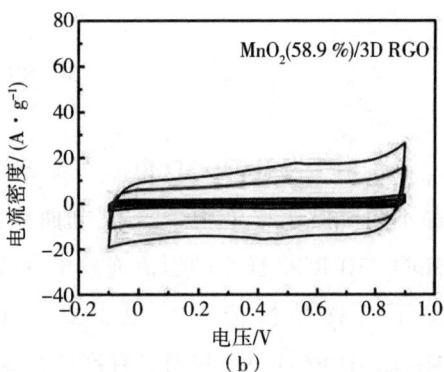

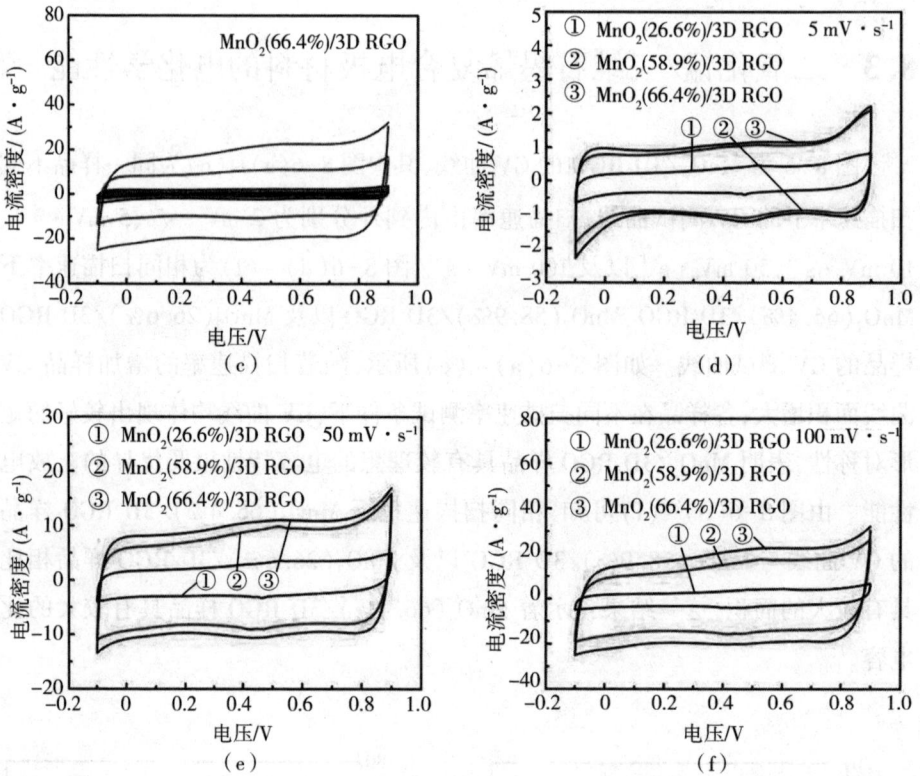

图 8-6　MnO₂/3D RGO 在不同条件下的 CV 曲线

图 8-7 为 MnO₂/3D RGO 恒流充放电曲线,其中图 8-7(a)~(c)为同一样品不同扫描速率下恒流充放电曲线;图 8-7(d)~(f)为相同扫描速率下 MnO₂/3D RGO 样品的恒流充放电曲线。如图 8-7(a)~(c)所示,不同扫描速率下各样品恒流充放电曲线均体现出良好的三角形对称性,表明 MnO₂/3D RGO 电极材料具有高度可逆的赝电容特性以及充放电性能。此外,在各样品放电曲线起始端并没有观察到明显的电压降,表明 MnO₂/3D RGO 电极材料具有较低的等效串联电阻。对比相同扫描速率下各样品恒流充放电曲线结果可知,MnO₂(66.4%)/3D RGO 样品具有较长的放电时间,说明与其他样品相比,MnO₂(66.4%)/3D RGO 样品具有较大的比电容值。

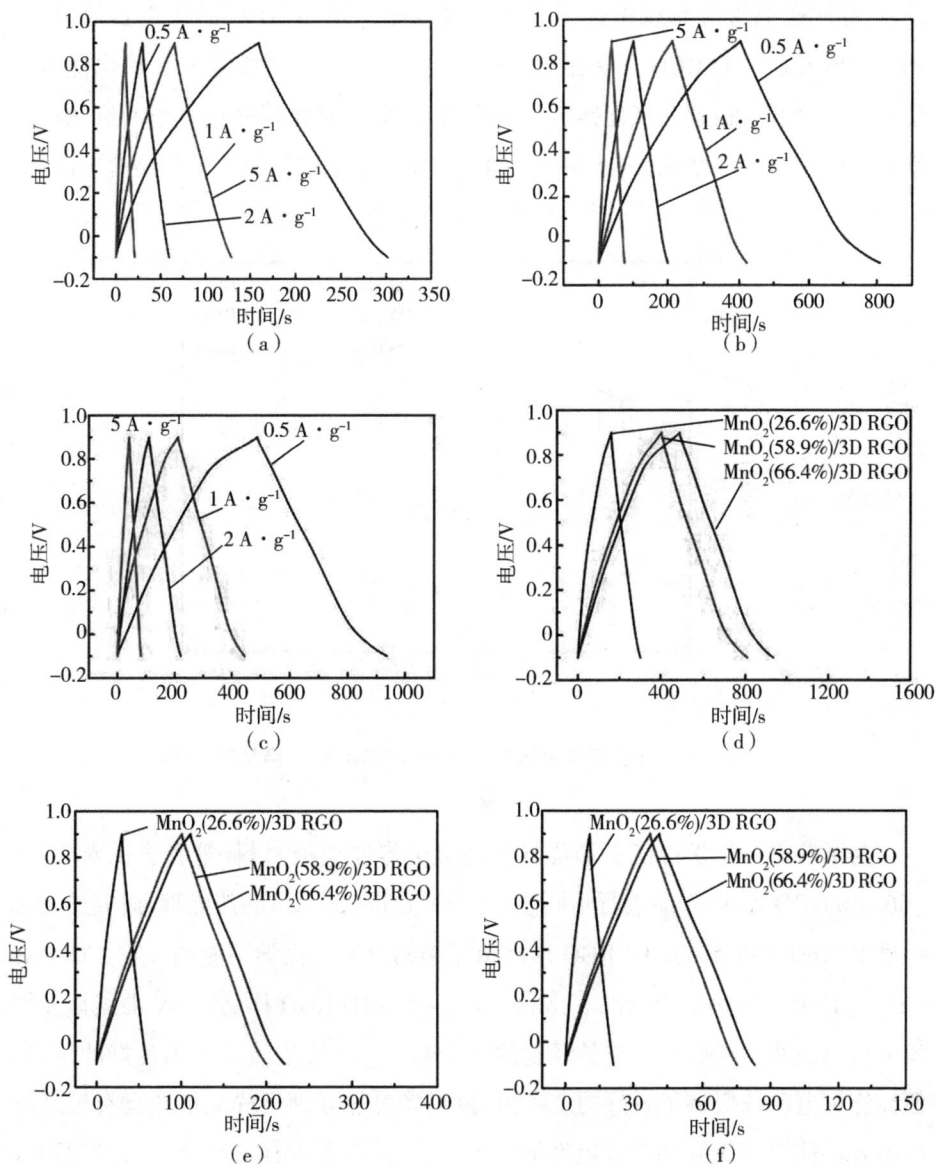

图 8-7　不同条件下的 MnO_2/3D RGO 恒流充放电曲线

图 8-8 为不同电流密度测试条件下，MnO_2/3D RGO 样品的比电容。对比数据发现，在测试电流密度为 $0.2\ A \cdot g^{-1}$ 条件下，MnO_2(66.4%)/3D RGO、MnO_2(58.9%)/3D RGO 以及 MnO_2(26.6%)/3D RGO 样品的比电容值分别为 $333.6\ F \cdot g^{-1}$、$289.2\ F \cdot g^{-1}$ 和 $83.6\ F \cdot g^{-1}$。此外，对比各样品比电容曲线可以

发现,相同电流密度测试条件下 $MnO_2(66.4\%)/3D\ RGO$ 样品比电容值最高, $MnO_2(26.6\%)/3D\ RGO$ 样品比电容值最低,这一结果主要是由二氧化锰负载量差异导致的。随着二氧化锰负载量的增加,由二氧化锰通过可逆的氧化还原反应产生的赝电容增大,因此 $MnO_2/3D\ RGO$ 复合电极材料比电容显著提高。

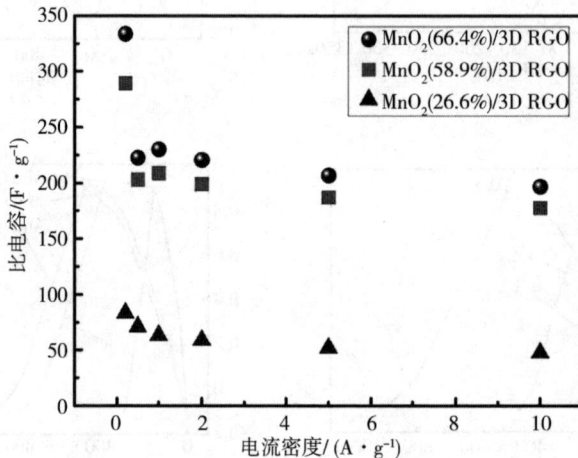

图 8-8　不同电流密度测试条件下 $MnO_2/3D\ RGO$ 样品的比电容

为了获得电化学性能更加优异的超级电容器电极材料,笔者尝试对 MnO_2 $(66.4\%)/3D\ RGO$ 样品进行不同温度(150 ℃和250 ℃)的热处理,研究热处理温度对 $MnO_2(66.4\%)/3D\ RGO$ 样品结晶结构以及电化学性能的影响。图 8-9 (a)~(d)为不同热处理条件下,$MnO_2(66.4\%)/3D\ RGO$ 样品的 CV 曲线以及恒流充放电曲线。冷冻干燥样品经过热处理后 CV 曲线依然呈现出良好的矩形;恒流充放电曲线保持了较好的三角形,说明经过热处理后样品依然具有较理想的电容特性以及优异的充放电性能。此外,与冷冻干燥样品相比,热处理后 CV 曲线面积以及恒流充放电时间均有所增加,这一结果预示着热处理有助于进一步提升材料比电容。图 8-9(e)为 $MnO_2(66.4\%)/3D\ RGO$ 样品冷冻干燥以及不同温度条件下热处理后的比电容测试结果。在电流密度为 0.2 A·g^{-1} 下,冷冻干燥、150 ℃以及250 ℃热处理样品比电容值分别为 333.6 F·g^{-1}、709.8 F·g^{-1} 和 681.2 F·g^{-1},而且在较高电流密度(10 A·g^{-1}),150 ℃热处理样品依然保持较高的比电容(280.8 F·g^{-1})。与其他样品相比,150 ℃热处理样品具有较大的比电容。这一结果可能是由于不同热处理温度会影响样品中结合水含量、结晶状态以及孔结构,从而影响材料的电化学性能。采用反相微乳液法合成的二氧化锰纳米颗粒经过冷冻干燥后,样品中含有大量的结构水。这些结构水属于电化学惰性物质,并不能够贡献赝电容。在 150 ℃对样品进行热处理时,体系内大量的结构水被去除,因此材料比电容获得显著提升。电极材料的结晶状态也极大地影响着材料的电容性能。图 8-9(f)给出了 MnO$_2$/3D RGO 样品热处理前后 XRD 测试结果。在 20°～30°之间出现的宽化峰属于 3D RGO,在 37°和 65.5°处出现的两个特征峰归属于 α-MnO$_2$。冷冻干燥处理的 MnO$_2$/3D RGO 样品中 α-MnO$_2$ 两个特征峰较宽且强度较弱,表明该样品中二氧化锰结晶程度较低。当样品经过 150 ℃热处理后,其结晶程度有所增强。随着结晶程度的增强,二氧化锰的导电性有所提升,因此材料比电容也相应有所增大。

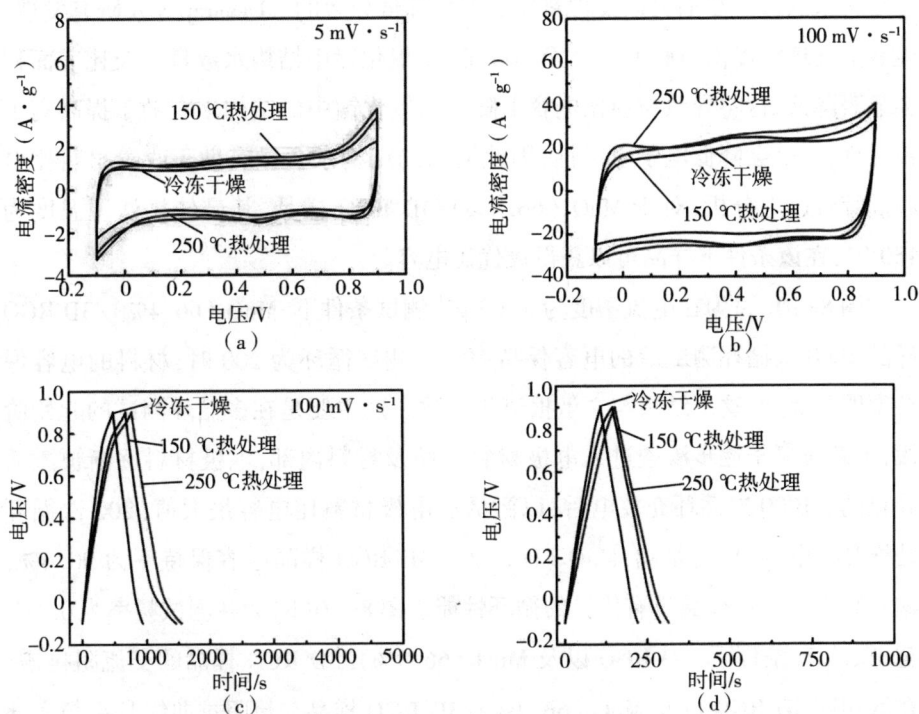

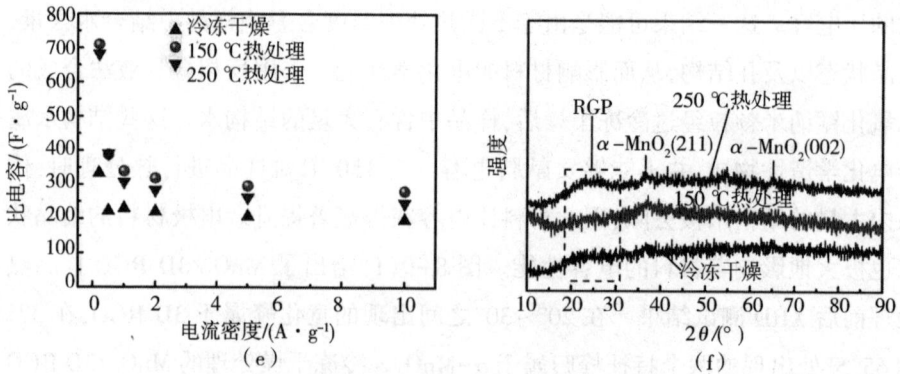

图 8-9　不同热处理温度对 MnO_2(66.4%)/3D RGO 样品
(a)～(e)电化学性能以及(f)结晶结构的影响

　　与 150 ℃热处理样品相比,250 ℃热处理样品比电容略有减小,这主要是由于结构水的进一步消失以及材料比表面积降低导致的。Devaraj 等人研究发现,随着热处理温度由 100 ℃升高至 300 ℃,二氧化锰中结构水数量以及比表面积会显著降低,这将导致材料比电容下降。二氧化锰中的结构水有助于提高离子传导性,但是会降低电子电导性,因此适当的结构水含量有助于改善材料比电容。综合以上分析,对于 MnO_2(66.4%)/3D RGO 样品,其最佳热处理温度为 150 ℃,在该条件下样品可以获得最优比电容。

　　图 8-10(a)为在电流密度为 5 A·g^{-1} 测试条件下,MnO_2(66.4%)/3D RGO 样品 1000 次循环测试后的电容保持率。当测试循环为 200 时,材料的电容保持率明显增加,这一结果与文献报道一致。这主要是在多循环测试的起始阶段,电解质离子逐步渗透进入电极材料表面及材料内部,电极材料逐渐被激活导致的。1000 次循环充放电后,以激活后电极材料比电容最大值(200 次循环处样品比电容值)为基础,MnO_2(66.4%)/3D RGO 样品电容保持率为 90.4%,这一结果表明该样品具有优异的循环性能。图 8-10(b)为在测试频率为 0.1 Hz 至 100 kHz 条件下,3D RGO 以及 MnO_2(66.4%)/3D RGO 样品的交流阻抗谱。在低频区 3D RGO 以及 MnO_2(66.4%)/3D RGO 样品交流阻抗曲线几乎与实部坐标轴垂直,说明两个样品具有理想的电容行为以及较小的扩散电阻。这一结果表明,3D RGO 中大量的相互贯穿孔结构为电解质离子进入电极材料内部提供了良好的通道。与 3D RGO 相比,在高频区 MnO_2(66.4%)/3D RGO 样品交

流阻抗曲线呈现出半圆形,表明 $MnO_2(66.4\%)$/3D RGO 样品电荷转移电阻略有增加,这主要是由负载二氧化锰产生的法拉第电阻导致的。交流阻抗曲线中斜率为 45° 部分为 Warburg 电阻,这部分电阻主要是电解液中电解质离子扩散进入电极材料表面导致的。在频率为 79.4～6.3 Hz 范围内,$MnO_2(66.4\%)$/3D RGO 样品体现出 Warburg 电阻,表明 3D RGO 表面负载二氧化锰后电解质离子扩散路径增加。在高频区,交流阻抗曲线与实部坐标轴交点为样品的等效串联电阻(ESR),这部分电阻主要由电解液电阻以及电极材料电子电阻构成。三电极测试体系中,电解液电阻为 9.11 Ω。因此,由图 8-10(b) 数据减去测试体系电解液电阻可以求得 3D RGO 以及 MnO_2/3D RGO 样品电阻分别为 1.86 Ω 和 3.29 Ω。二氧化锰/三维石墨烯样品电阻有所增加主要是由二氧化锰导电性较差导致的。

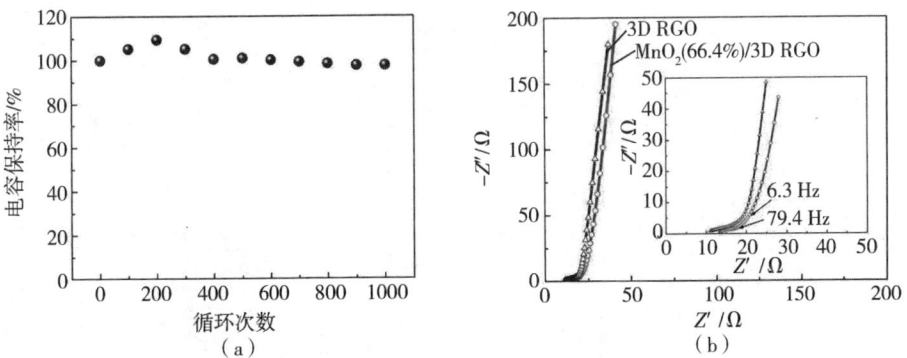

图 8-10　(a) $MnO_2(66.4\%)$/3D RGO 多循环测试曲线以及(b)3D RGO 和 $MnO_2(66.4\%)$/3D RGO 的交流阻抗谱

8.4　本章小结

本章以反相微乳液方法合成了 MnO_2/3D RGO 超级电容器电极材料。利用三维石墨烯强烈的亲油疏水的特点,实现三维石墨烯在油相体系中均匀分散;而后加入水相形成油包水乳胶粒,在水相乳胶粒内反应物(高锰酸钾和硫酸锰)相互碰撞融合发生氧化还原反应生成二氧化锰纳米颗粒同时,实现二氧化锰在三维石墨烯表面负载。通过改变反应体系中水相含量,实现对 MnO_2/3D RGO

复合电极材料中二氧化锰纳米颗粒形貌以及负载量的控制。通过对制备的材料进行形貌、结构以及电化学性能表征得出主要结论如下：

（1）通过改变微乳液反应中水相含量可以制备出具有不同形貌结构的纳米二氧化锰颗粒，与此同时还可以控制二氧化锰纳米粒子的负载量。这种形貌结构变化与微乳液反应中表面活性剂的模板化作用有关。

（2）通过对 MnO_2/3D RGO 复合电极材料进行热处理，可以进一步提升材料的电化学性能。研究发现，热处理条件会影响 MnO_2/3D RGO 复合电极材料中二氧化锰颗粒的结构水含量、结晶状态以及比表面积，进而影响 MnO_2/3D RGO 材料整体电化学性能。

第9章 均质机辅助氧化石墨烯/氢氧化镍复合材料的制备及其电化学性能研究

9.1 氢氧化镍/石墨烯超级电容器电极材料简介

碳基电极材料的电荷存储机制决定其很难提供大的比电容,赝电容器电极材料的比电容一般比 EDLC 的比电容大 3~10 倍,因此研究人员正在将研究重点转移到赝电容材料上。金属氧化物、氢氧化物是当前研究较多的赝电容器材料,包括 RuO_2、IrO_2、MnO_2、NiO、Co_3O_4、SnO_2、V_2O_5、CuO、$Ni(OH)_2$ 和 $Co(OH)_2$ 等,其中由于 RuO_2、MnO_2、NiO 和 $Ni(OH)_2$ 等理论比电容较大,成为众多赝电容器材料研究中的重点和热点。

9.1.1 氢氧化镍电极材料的制备

目前用于合成 $Ni(OH)_2$ 超级电容器电极材料比较常见的方法有电化学沉积法、水热合成法、化学浴沉积法、溶胶–凝胶法、化学沉淀法和机械化学法等。

(1)电化学沉积法

电化学沉积法最基本的形式是在电极基底施加电流或电压使电极片位置发生氧化还原反应,沉积成涂层或薄膜。典型的电化学沉积过程为:将施加负电压的电极基板浸在含有沉积材料的盐溶液中,其中带正电荷的盐离子被吸引到带负电荷的电极基板(阴极)上,并接受电子以进行还原过程。在这个过程中,电极基板位置含有两种反应机理,包括阳极电沉积和阴极电沉积。电化学沉积的优点是可以通过调节沉积参数来控制电极材料的结构和形态。但是，使用电沉积法无法大规模生产。

（2）水热合成法

水热合成法（"一锅法"）是一种被广泛用于合成过渡金属氧化物的方法。"水热"指一种在高温和高压下，反应前驱体在有溶剂存在的条件下的非均相化学反应。在水热反应中反应温度通常保持在100 ℃以上，所以在这个封闭系统中会自动产生压力。在高温和高压下，溶剂会溶解并重结晶为所需的产物，其中反应温度、反应时间和溶剂量等因素都会对最终产品的形态和结构产生较大影响。

（3）化学浴沉积法

化学浴沉积是一种用于制备薄膜材料的简便且经济高效的低温液相外延技术，尤其适用于制备大表面积基材上的金属氧化物/氢氧化物。该反应与电化学沉积相比，无须外部电源和阳极。化学浴沉积法不需要复杂的仪器，可以在低温下运行，从而显著降低了金属基材氧化和腐蚀的可能性。目前，Ti、Sn、Zr、V、Cd、Zn、Ni、Fe、Al 等均可化学浴沉积。

（4）溶胶-凝胶法

溶胶-凝胶法是一种用于生产薄膜的方法，涉及多个步骤，包括水解、聚合、胶凝、缩合、干燥和致密化。溶胶-凝胶法的一个主要优点是可通过在低温下对溶液中前驱体的混合来获得在原子级别上对各种组分的调控。同时，最终得到薄膜的质地、组成、结构和均质性也可以通过调控溶胶的参数来控制。

（5）化学沉淀法

化学沉淀法是制备粉末状超级电容器活性材料的一种简便方法，可用于大规模合成宏观或纳米材料，例如过渡金属氧化物/氢氧化物。在化学沉淀中，溶液中的溶质浓度应保持在溶解度极限以上，才能使化学沉淀发生，在该过饱和溶液中，所需的金属离子盐从碱性/碱性介质（如氢氧化物或碳酸盐）中共沉淀出来。随后从溶液中收集沉淀物，用蒸馏水洗涤，并在适当的温度下干燥，以获得最终产物。

（6）机械化学法

在机械化学法中，第一步是打碎颗粒，通过手磨或球磨提供机械能以减小颗粒尺寸同时增加表面积和表面能。由于连续的撞击，化学反应会在纳米结构晶粒的界面处发生,因此机械化学法还可以改变材料的结构和化学组成。机械化学法可以合成各种过渡金属氧化物/氢氧化物纳米颗粒。由于机械化学法不需要溶剂、无污染且产率高,因此在纳米电极材料的合成中引起了科研工作者的关注。

前文讨论了制备 $Ni(OH)_2$ 电极材料的 6 种方法,表 9-1 将各种制备方法的优缺点进行了比较,在实际的科研和生产生活当中,可以根据不同的需要选择不同的制备方法。

表 9-1　各种制备超级电容器电极材料方法的适用范围和优缺点比较

方法	产物类型	优点	缺点
电化学沉积法	纳米结构膜	用时少,产物形貌可以通过控制合成参数(时间、温度等)进行控制	不适合大规模生产
水热合成法	纳米结构的薄膜和粉末	大规模生产,易于控制产物的形貌	高温且耗时
化学浴沉积法	纳米结构膜	比水热法更快,大规模生产,产物形貌容易控制	只适用于生产某些金属氧化物
溶胶-凝胶法	纳米结构的薄膜和粉末	大规模生产	难以生产多孔薄膜
化学沉淀法	粉末或胶体纳米结构	大规模生产,反应速度快	难以控制产物的形貌
机械化学法	纳米结构粉末	大规模生产,反应速度快,形貌可控	只能制备纳米粒子,不能制备薄膜

9.1.2　氢氧化镍电极材料的结构设计

由于赝电容是表面和表面附近的电极材料都参与的电化学反应现象,电极材料的微观结构在增强电化学性能中起着重要作用。因此,需要选择性地设计和调整电极材料的最佳微观形态。

电极材料的形态和微观结构大大影响了电解质离子的可接近区域、扩散路径和结构稳定性,从而影响超级电容器的比电容和循环稳定性。$Ni(OH)_2$ 及其复合电极材料设计通常由尺寸从数十纳米到几微米范围的粒子组成。然而,由于尺寸小的纳米材料与非纳米材料相比拥有更高的表面能,颗粒容易团聚在一起,减少了电解质离子与电极活性材料可接触的比表面积,从而降低了电极材料的比电容和多循环性能。因此,设计和构建合理的纳米微观结构以提高超级电容器结构的稳定性、增加电化学活性位点和减小电解质离子的扩散距离是优化超级电容器电化学性能的重要策略。设计和构建合理的纳米微观结构途径主要包括构建多孔结构和构建中空结构。

多孔结构对材料电化学性能的影响主要包括以下三个方面:(1)具有丰富的自由空间来松弛电极材料测试过程中的体积变化,尤其是在大电流密度的测试条件下;(2)电解液可以通过孔洞进入电解质内部,与其接触更多,缩短了离子扩散距离;(3)大比表面有更多的电化学活性位点。

尽管目前有很多关于多孔结构 $Ni(OH)_2$ 的研究,但是如何实现孔结构可控来增加比表面积,便于电子/电解质离子的有效扩散,从而提高电极材料的电容性能,未来需要更多的研究。

设计和构建合理的纳米微观结构还可以通过构建中空结构来实现。中空结构对材料电化学性能的影响主要包括以下三个方面:(1)中空结构使电极材料内部暴露出更多表面,缩短了电解液离子的扩散距离;(2)中空结构能够松弛电极材料在测试过程中的体积应变;(3)对于单壳中空结构,可以通过控制壳层结构的孔隙率和厚度来调节电化学活性材料对超级电容器的电化学性能影响。

9.2 氢氧化镍复合电极的制备和结构设计

$Ni(OH)_2$ 以其理论比电容大、绿色环保和投入成本低的优势,在金属氢氧化物电极材料当中有广阔的应用前景。然而,其本征电导率低和循环稳定性差是限制其电化学性能发挥的重要因素。针对以上问题,可以用 $Ni(OH)_2$ 和另一种具有互补性能的材料组成复合材料来增强电化学性能。同时,构建合理的纳米微观结构来优化 $Ni(OH)_2$ 复合电极的循环性能和结构的稳定性。

根据互补性能组分的类型 $Ni(OH)_2$ 复合材料可分为以下两种。一种是 $Ni(OH)_2$ 与碳材料或导电聚合物的复合。在复合材料中,碳材料或导电聚合物作为过渡金属材料生长的骨架,可以增加复合材料的比表面积,缓冲在反应过程中的体积变化,有效减少团聚,提高电导率。另一种是复合材料包含 $Ni(OH)_2$ 与金属(氢)氧化物/硫化物复合,其中一种过渡金属化合物是另一种材料生长的骨架结构,这种结构称为多层次结构。这种多层次结构可以很好地防止活性材料的团聚,即使在颗粒大小和质量载荷增加的情况下,也有利于获得卓越的电化学性能。

9.2.1　碳/氢氧化镍复合电极

碳基材料导电率高、材料稳定性好,长期以来都被认为是过渡金属氧化物/氢氧化物的首选复合基体。其中石墨烯的高电导率再加上大比表面积,使其成为与 $Ni(OH)_2$ 复合的理想基体。

这类复合材料性能优异的主要原因是:

(1)石墨烯提供了大比表面积。

(2)石墨烯能有效抑制 $Ni(OH)_2$ 的团聚,为与电解液的良好接触提供较大的比表面积,缓解复合材料在充放电过程中的体积变化。

(3)石墨烯良好的导电性弥补了过渡金属化合物导电性差的不足。

Zhang 等人研究了一种氰基凝胶的合成策略,制备出导电还原氧化石墨烯(RGO)偶联的超薄 $Ni(OH)_2$ 纳米片复合电极材料。具有共边八面体 MO_6 的 3~4 层超薄 $Ni(OH)_2$ 纳米片最大限度地暴露了反应的活性表面并促进了离子扩散,而导电 RGO 片则促进了反应过程中的电子传输。该复合材料电极在 $30\ A\cdot g^{-1}$ 的条件下,展示出 $1119.52\ F\cdot g^{-1}$ 的比电容,2000 次循环后电容保持率为 82.3%,其电化学性能比单独的 $Ni(OH)_2$ 纳米片高得多。组装成 RGO-$Ni(OH)_2$//RGO 非对称电容器时,获得的最大比能为 $44.3\ W\cdot h\cdot kg^{-1}$ $(148.5\ W\cdot kg^{-1})$。

9.2.2　导电聚合物/氢氧化镍复合电极

除了碳基材料,导电聚合物如聚吡咯(DPy)、聚苯胺(PANI)和聚(3,4-乙烯二氧噻吩)(PEDOT)也被用于制备过渡金属化合物的复合材料。在这些复合材料中,导电聚合物提供了良好的电子传递通道,而金属化合物可以稳定导电聚合物并增加法拉第电荷存储能力,从而提高电化学性能。

Susmitha 等人通过电化学沉积法将 $Ni(OH)_2$ 沉积在碳纤维上,然后通过苯胺在酸性水溶液中的原位化学氧化聚合将聚苯胺盐包覆在 $Ni(OH)_2$ 的碳织物(PNCF)上。PNCF 的比电容可达到 731 $F \cdot g^{-1}$。在 1 $A \cdot g^{-1}$ 的条件下,经过25000 次循环后,还显示出 71% 的电容保持率。

9.2.3　氢氧化镍与金属(氢)氧化物或硫化物复合电极

与金属(氢)氧化物或金属硫化物来构建分层结构也是提高 $Ni(OH)_2$ 基超级电容器电化学性能的方法。

(1)基于过渡金属材料粉末的分层结构设计

Guo 等人通过简单的一步自组装反应成功制备了 $PANI/CeO_2/Ni(OH)_2$ 分层杂化球粉末并讨论了层次结构的形成机理。$PANI/CeO_2/Ni(OH)_2$ 的比表面分层混合球表现出较高的电化学活性和超级电容器性能,最大比电容达到2556 $F \cdot g^{-1}$,即使在高电流密度下,它的比电容仍然高达 2130 $F \cdot g^{-1}$,显示出良好的倍率性能。经过 1000 个循环的充放电过程,混合球的电容保持率为95.9%,表明循环稳定性良好。

(2)以无粘结剂阵列结构为骨架生长另一种材料的复合材料

当采用过渡金属化合物阵列结构作为分层结构的主干时,样品可以充分继承阵列结构的优点,同时很好地保持了电活性材料的高利用率。这样,即使电活性材料的负载量增加几倍,也能获得良好的电化学性能。在简单阵列结构上进一步构造微结构形成壳核结构,效果更加显著。

Qiu 等人通过水热法研制了一种多级核壳结构高性能电极,该方法需要将多壁碳纳米管-氧化石墨烯纳米带(MWCNT-GONR)负载到镍泡沫(NF)上形成基底。将 $Co_3O_4@Ni(OH)_2$ 的核壳阵列结构锚定在基底上,创建了 MWCNT-GONR/$Co_3O_4@Ni(OH)_2$ 电极。该电极具有大比电容(2654.7 $F \cdot g^{-1}$)和出色的循环稳定性。MWCNT-GONR/$Co_3O_4@Ni(OH)_2$//AC 非对称器件,在功率密度为 6.80 $kW \cdot kg^{-1}$ 时,展现出的储能密度为 74.85 $W \cdot h \cdot kg^{-1}$,10000 次循环后的电容保持率为 83.31%。

（3）同一过渡金属化合物自组装成层次结构

Liang 等人通过两步水热法在花状 α-Ni(OH)$_2$ 的表面上生长具有良好结晶度的 β-Ni(OH)$_2$，以形成 3D 结构的 α@β-Ni(OH)$_2$ 材料。所合成的 β-Ni(OH)$_2$ 具有纳米尺寸，强碱稳定性，而 α-Ni(OH)$_2$ 展现出大的比容量和良好的导电性，二者产生协同作用。3D 花状结构的 α@β-Ni(OH)$_2$ 电极在 1 A·g^{-1} 条件下展现出的比容量为 431 mAh·g^{-1}。在功率密度为 31.35 kW·kg^{-1} 时，α@β-Ni(OH)$_2$//AC 非对称器件展现出 252.8 Wh·kg^{-1} 的储能密度。

Ni(OH)$_2$ 本征电导率（10^{-17} S·cm^{-1}）和电化学反应过程中晶粒体积的变化是限制其电化学性能发挥的重要因素。电导率差将会导致反应动力学变慢，倍率性能降低。电化学反应过程中晶粒体积的变化将会影响材料的多循环稳定性。石墨烯（GO）以其很高电导率（26000 S·cm^{-1}）能有效弥补 Ni(OH)$_2$ 电极导电性差的缺点；大比表面积（2630 m^2·g^{-1}）和高强度有利于 Ni(OH)$_2$ 的分散并限制其在电化学反应过程中晶粒体积的变化。因此，将 GO 与 Ni(OH)$_2$ 制备成复合材料是提高电极材料性能的有效策略。

Wang 等人发现轻度氧化的 GO 与 Ni(OH)$_2$ 纳米片间在含氧缺陷位点位置有较强烈的相互作用，能够增强 Ni(OH)$_2$ 在 GO 片层表面的均匀性。GO/Ni(OH)$_2$ 复合电极的比电容能够达到 1335 F·g^{-1}（2.8 A·g^{-1}）。Xu 等人发现 Ni^{2+} 能够在乙醇和水的混合溶液中与 GO 表面的含氧官能团（如羧基或羟基）连接起来，以此来增强 Ni(OH)$_2$ 在 GO 片层表面的均匀性。该方法制备的 GO/Ni(OH)$_2$ 复合电极的比电容可以达到 1143 F·g^{-1}（1 A·g^{-1}），并且具有优异的循环稳定性（1500 个循环过后，电容保持率为 91.7%）。尽管有研究关注 Ni^{2+} 与 GO 表面的含氧官能团的相互作用从而提高 Ni(OH)$_2$ 在 GO 表面的微观均匀性，却很少有研究关注 Ni(OH)$_2$ 在 GO 表面的宏观均匀性的问题。

均质机是一种结构简单的搅拌分散设备，广泛用于化工和食品行业。均质机能向固-固或固-液混合体系提供高剪切作用，通过挤压、强冲击与失压膨胀等作用实现混合物料的分散和乳化。笔者课题组运用均质机制备了具有多级结构的高强度 GO/Cu 复合材料，其拉伸强度达到 748 MPa。将均质机引入纳米复合电极材料的制备，有望提高超级电容器的电极性能，很有发展前景。

本章在化学沉淀法制备 GO/Ni(OH)$_2$ 复合材料的过程中分别使用搅拌桨

和均质机进行搅拌,系统地研究了 GO 质量分数从 0.1%~2.6% 和不同搅拌方式对 GO/Ni(OH)$_2$ 复合材料的结构和电化学性能的影响,探寻高剪切搅拌方式提高 GO/Ni(OH)$_2$ 复合材料电化学性能的微观机制。

9.3 氧化石墨烯/氢氧化镍复合材料的制备

9.3.1 氧化石墨烯的制备

本书中的 GO 是利用改进的 Hummer 法制备的。在冰水浴的条件下,将鳞片石墨(1 g)、浓 H$_2$SO$_4$(45 mL)和 85% H$_3$PO$_4$(5 mL)加入烧瓶中,持续搅拌。然后少量多次地加入 7 g KMnO$_4$,在加 KMnO$_4$ 的过程中保持体系温度低于 20 ℃。加完后,将水浴锅加热到 50 ℃,并且保温 10 h 使其充分反应。待反应物冷却至室温后,向反应体系中加入大量去离子水,结束上述反应后加入 30% 的 H$_2$O$_2$,溶液变成金黄色并有气泡产生,直到气泡不再出现停止加 H$_2$O$_2$。将上述产物沉降后,去除上清液,剩余产物用 2000 mL 10% 的稀盐酸溶液清洗,洗掉残余的 Mn^{2+}。水洗 3~5 次,去除溶液中的杂质离子。将洗涤好的 GO 保存在水中待用。

9.3.2 石墨烯/氢氧化镍复合材料的制备

配制 1 mg·mL^{-1} 的 GO 溶液 975 mL,将上述溶液放入超声设备中超声 2 h。将一定质量的 Ni(CH$_3$COO)$_2$·4H$_2$O 溶于 1275 mL 去离子水中形成乙酸镍溶液。将一定量的 1 mg·mL^{-1} 的 GO 溶液与 1275 mL 乙酸镍溶液混合。制备 GO 质量分数为 0.1%~2.6% 的 GO/Ni(OH)$_2$ 复合材料,加入乙酸镍的质量分别为 36 g~216 g。

采用均质机制备 GO/Ni(OH)$_2$ 复合材料流程如下:将上述混合液在均质机的作用下混合 15 min,均质机的转速为 3000 r·min^{-1}。向上述溶液中逐渐滴加 4 mol·L^{-1} 的 NaOH 溶液,滴加总量为 500 mL,滴加结束后继续用均质机搅拌 30 min。采用搅拌浆制备 GO/Ni(OH)$_2$ 复合材料与均质机制备复合材料流程一致,只是将搅拌设备换成搅拌桨,搅拌桨的转速为 300 r·min⁻¹。取出样品,水洗多次直至中性。110 ℃干燥 6 h。复合材料样品命名为 xGO/Ni(OH)$_2$-H/M(x 为 GO 在复合材料中质量分数的百分比),H 和 M 分别表示高剪切搅拌和搅拌桨搅拌。

9.4 均质机辅助制备氧化石墨烯/氢氧化镍复合材料的形貌和结构表征

9.4.1 氧化石墨烯的形貌和结构表征

图 9-1 为 Hummer 法制备的 GO 的 SEM 图。从图中可以看出 GO 具有良好的三维结构而且三维空间结构的间隙具有丰富的孔洞,同时相互搭接的 GO 片层表面充满了褶皱,呈现半透明的薄片状,边缘很薄。

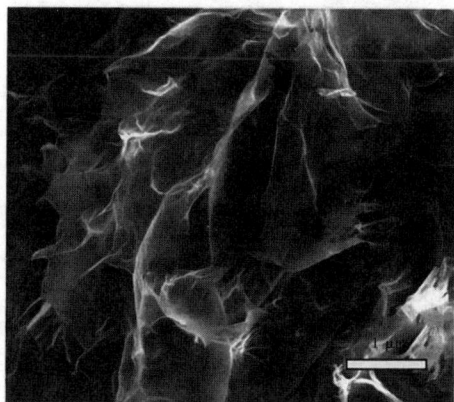

图 9-1 GO 的 SEM 图

图 9-2 是 GO 的 XRD 谱图,GO 的(001)晶面在 12.0°处出现衍射峰,晶面间距为 0.740 nm,大于鳞片石墨的晶面间距(0.335 nm)。这是因为在 GO 片层间有大量的含氧官能团和层间水,导致 GO 的层间距比鳞片石墨大。

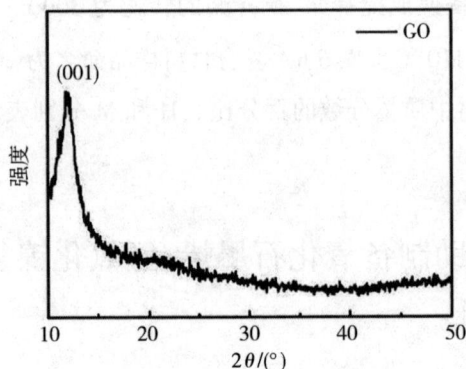

图9-2　GO 的 XRD 谱图

对 GO 进行进一步的 Raman 表征,如图 9-3 所示。GO 在 1350 cm^{-1} 和 1600 cm^{-1} 处出现两个散射峰,对应着 GO 的 D 振动模和 G 振动模。GO 的 I_D/I_G 为 0.87,说明 GO 的缺陷和边缘数量较多。GO 在 2600~3000 cm^{-1} 处出现两个宽化的峰分别为 2D 的振动模和 D+G 的振动模。

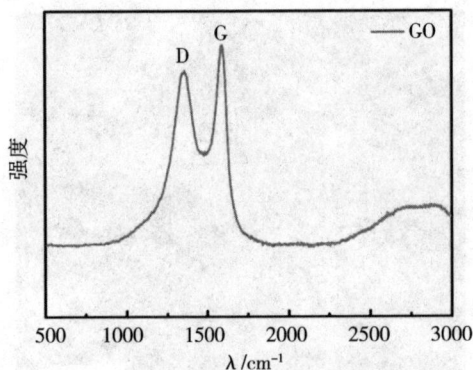

图9-3　GO 的 Raman 谱图

图 9-4 为 GO 的 N_2 吸附-脱附等温曲线和孔径尺寸分布。在图 9-4(a)中的 p/p_0=0.45~1.0 有 H3 型滞后环,是Ⅳ型等温吸附曲线。根据 BET 公式可以计算出 GO 的比表面积为 29.17 $m^2 \cdot g^{-1}$。由图 9-4(b)可以知道 GO 的孔径尺寸范围为 2~200 nm,孔尺寸分布广泛有利于电解液在材料孔洞中的输运,增加了 GO 与电解液接触的比表面积,利于实现大的比电容。根据 BJH 方法,可以

计算出 GO 的平均孔隙尺寸为 47. 925 nm, 孔的总容积为 0. 35 cm³ · g⁻¹。

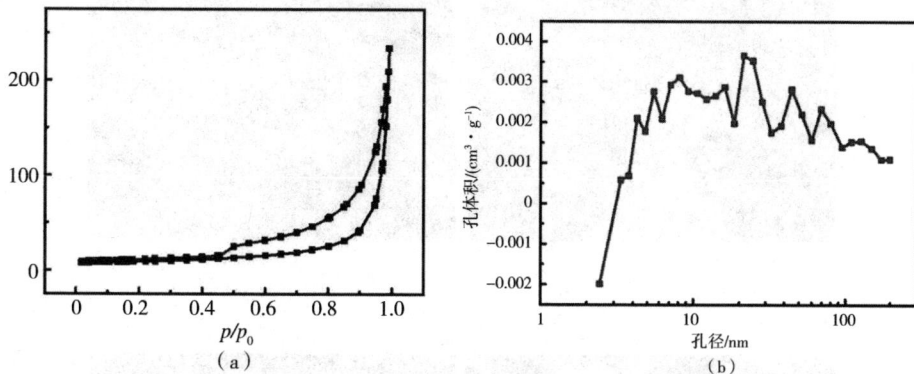

图 9-4　GO 的(a)N₂ 吸附-脱附等温曲线和(b)孔径尺寸分布

9. 4. 2　质量配比对氧化石墨烯/氢氧化镍复合材料形貌和结构的影响

　　图 9-5 为具有不同 GO 含量的 GO/Ni(OH)₂ 复合材料的 SEM 图。从图 9-5(a)中可以看出, 不加入 GO 的 Ni(OH)₂ 的表面形貌与 GO/Ni(OH)₂ 的表面形貌有很大的差异。不加入 GO 的 Ni(OH)₂-H 的颗粒有明显的团聚, Ni(OH)₂ 的形态呈现大的块状结构, 块状结构是由片状 Ni(OH)₂ 组成的。从图 9-5(b)~(f)中可以看出, GO/Ni(OH)₂ 复合材料中看不到 GO 的存在, 可能是由于 GO 的含量较少, 完全被 Ni(OH)₂ 包裹住, 这也是 GO 与 Ni(OH)₂ 结合得较好的一种微观表现。不同 GO 质量分数的 GO/Ni(OH)₂ 中片状 Ni(OH)₂ 空间具有层状结构, 可以说是一种多级层状结构。其中, 1.5GO/Ni(OH)₂-H 的层状结构最明显, 呈层叠状, 片层间较疏松。当 GO 的含量从 0.1% 逐渐增大到 1.5% 时, Ni(OH)₂ 片层尺寸逐渐减小, 团聚减弱。当 GO 的质量分数由 1.5% 增大到 2.6% 时, 片层团聚增强, 片层粘接在一起, 尺寸增大。

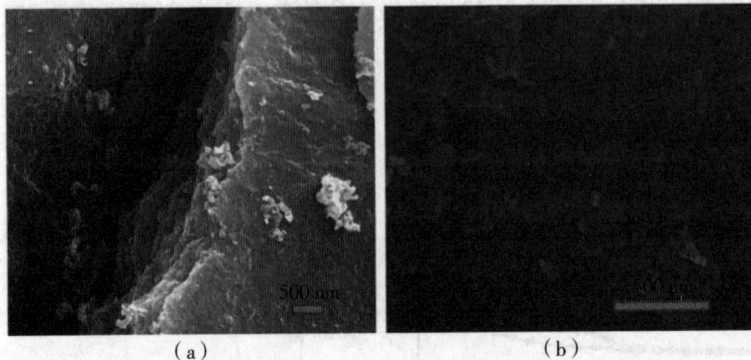

（a）　　　　　　　　　　（b）

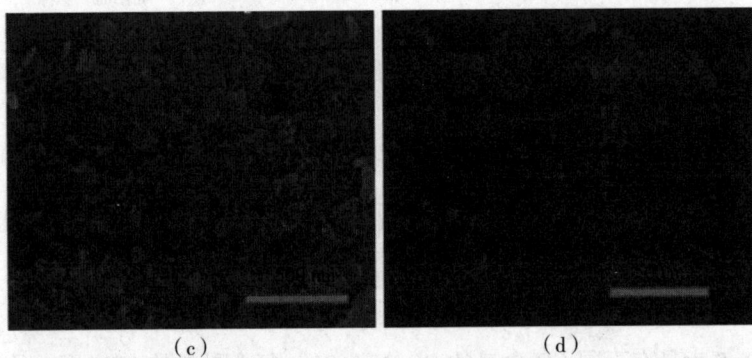

（c）　　　　　　　　　　（d）

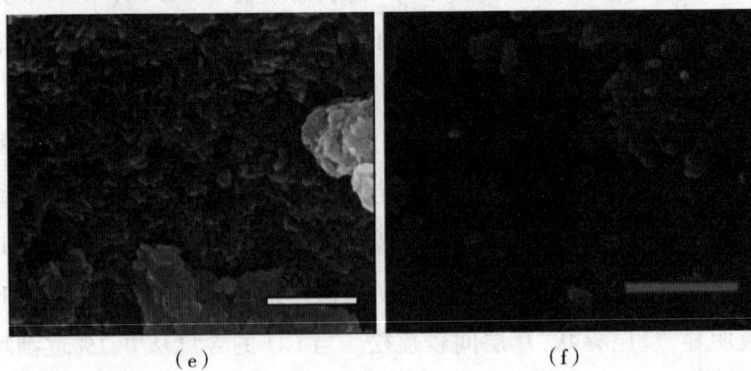

（e）　　　　　　　　　　（f）

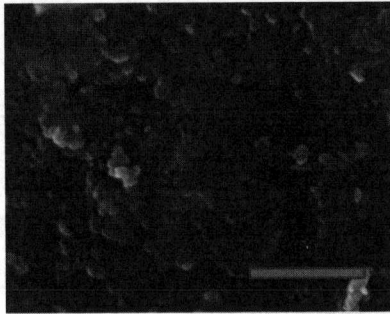

（g）

图 9-5　GO 不同质量分数的 GO/Ni(OH)$_2$ 的 SEM 图

(a)Ni(OH)$_2$-H; (b)0.2 GO/Ni(OH)$_2$-H; (c)0.5 GO/Ni(OH)$_2$-H;

(d)1.0 GO/Ni(OH)$_2$-H; (e)1.5 GO/Ni(OH)$_2$-H; (f)2.0 GO/Ni(OH)$_2$-H;

(g)2.6 GO/Ni(OH)$_2$-H

笔者进一步采用 XRD 研究了不同质量分数的 GO/Ni(OH)$_2$ 的晶体结构和 Ni(OH)$_2$ 的晶粒尺寸大小,如图 9-6 所示。从图 9-6(a)中可以看出不同质量分数的 GO/Ni(OH)$_2$ 在 19.20°、33.06°、38.54°、52.16°、59.05° 和 62.73° 处的衍射峰,分别与 β-Ni(OH)$_2$ 的(001)、(100)、(101)、(102)、(110) 和(111)晶面相对应,说明成功制备出了 β-Ni(OH)$_2$。看不到 GO 的峰可能是因为 Ni(OH)$_2$ 的含量过多将 GO 的峰掩盖掉以及 GO 本身被剥离得很好并且被部分还原,没有产生团聚现象,无法发生晶面衍射。如图 9-6(b)所示,根据 Ni(OH)$_2$ 的(001)和(100)晶面的半峰宽可以计算出在不同质量分数的 GO/Ni(OH)$_2$ 中 Ni(OH)$_2$ 的尺寸分别为 4.2~4.9 nm 和 12.5~18.0 nm。当 GO 的质量分数由 0.1% 增加到 1.5% 时,Ni(OH)$_2$ 的(100)晶面的晶粒尺寸由 18 nm 降到 12.5 nm;当 GO 的质量分数由 1.5% 增加到 2.6% 时,Ni(OH)$_2$ 的(100)晶面的晶粒尺寸基本保持在 12.5 nm 附近浮动不大。说明 GO/Ni(OH)$_2$ 中的 Ni(OH)$_2$ 的尺寸随 GO 质量分数的不同有明显变化。

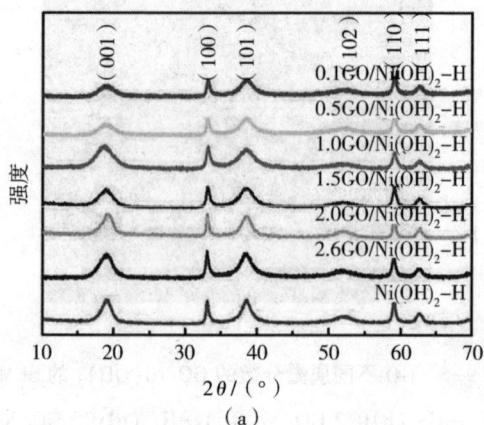

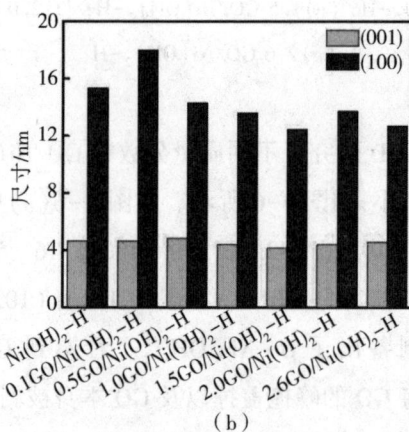

图9-6 不同质量分数的 GO/Ni(OH)$_2$ 的(a)XRD谱
和(b)Ni(OH)$_2$ 的晶粒尺寸柱状图

产生晶粒尺寸变化的原因主要有以下几点:首先,GO 表面带有大量含氧基团,使 GO 表面带有负电荷,因此带负电的 GO 会吸引溶液中带正电的镍离子,此时 GO 为 Ni(OH)$_2$ 的生长提供了模板,所以 0.1GO/Ni(OH)$_2$-H 的晶粒尺寸比单纯的 Ni(OH)$_2$ 的要大。随着 GO 质量分数的增加,在化学沉淀的过程中,均质机的剪切作用使 GO 片层之间碰撞的概率增大,GO 搭接出来的空间结构对 Ni(OH)$_2$ 有限域作用,因此当 GO 的含量从 0.1% 逐渐增大到 1.5% 时,Ni(OH)$_2$ 的尺寸逐渐变小,当 GO 的含量高于 1.5% 时,Ni(OH)$_2$ 在(100)方向上的晶粒尺寸基本不变。

为了确认 GO 在复合材料中的质量分数,笔者对其进行了 TGA 分析,如图

9-7 所示。计算得到 0.1GO/Ni(OH)$_2$-H、0.5GO/Ni(OH)$_2$-H、1.0GO/Ni(OH)$_2$-H、1.5GO/Ni(OH)$_2$-H、1.5GO/Ni(OH)$_2$-M、2.0GO/Ni(OH)$_2$-H 和 2.6Ni(OH)$_2$-H 的总失重分别为 19.52%、19.81%、20.20%、20.64%、20.68%、21.07%和21.56%。热失重的重量损失可以归因于随着温度的升高 GO 逐渐被氧化分解以及由 Ni(OH)$_2$ 分解为 NiO 而产生的气态 H$_2$O 被除去的过程。

通过计算,在 0.1GO/Ni(OH)$_2$-H、0.5GO/Ni(OH)$_2$-H、1.0GO/Ni(OH)$_2$-H、1.5GO/Ni(OH)$_2$-H、1.5GO/Ni(OH)$_2$-M、2.0GO/Ni(OH)$_2$-H 和 2.5GO/Ni(OH)$_2$-H 中 GO 的质量分数分别为 0.11%、0.45%、0.95%、1.48%、1.54%、2.02%和2.62%。

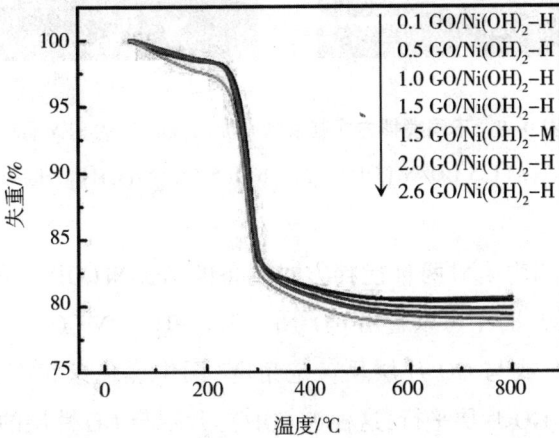

图 9-7　不同质量分数的 GO/Ni(OH)$_2$-H 和 1.5GO/Ni(OH)$_2$-M
复合材料的 TGA 曲线

9.4.3　搅拌方式对氧化石墨烯/氢氧化镍复合材料的形貌和结构的影响

图 9-8 为搅拌桨和均质机两种不同搅拌方式的 1.5GO/Ni(OH)$_2$ 的 SEM 图。从图 9-8(a)中可以看出 1.5GO/Ni(OH)$_2$-M 呈现出空间相互堆叠的层状结构并且层间有间隙,单个片层是由 Ni(OH)$_2$ 片状结构组成的。在图中看不到 GO 片层,可能是由于 Ni(OH)$_2$ 的质量分数较高,将 GO 覆盖住了。图 9-8(b)显示 1.5GO/Ni(OH)$_2$-M 的片层结构没有 1.5GO/Ni(OH)$_2$-H 复合材料的

明显,而且 1.5GO/Ni(OH)$_2$-M 复合材料的片层有堆叠的现象产生且片层间的间隙不明显。结果表明,均质机的高剪切作用对 GO/Ni(OH)$_2$ 的形貌有一定影响,能够有利于具有疏松间隙的片层状 GO/Ni(OH)$_2$ 的生成。

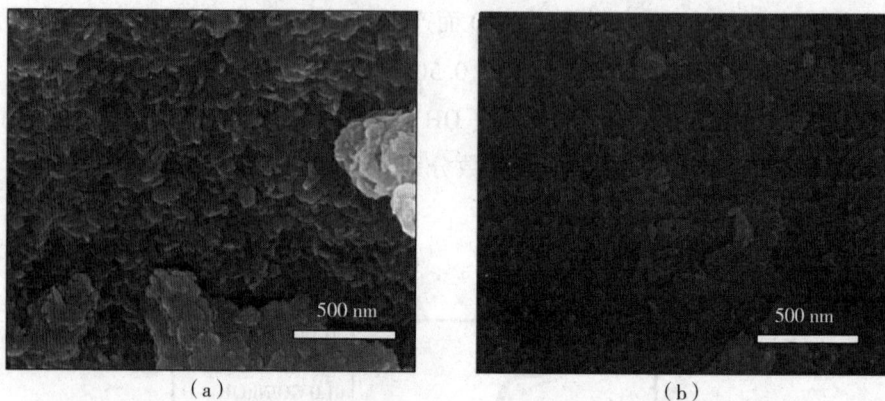

图 9-8 不同搅拌方式制备的 GO/Ni(OH)$_2$ 的 SEM 图

(a)1.5 GO/Ni(OH)$_2$-M;(b)1.5 GO/Ni(OH)$_2$-H

采用搅拌桨和均质机两种搅拌方式制备的 GO/Ni(OH)$_2$ 的 TEM 图如图 9-9 所示。图 9-9(a)中可以看出 GO/Ni(OH)$_2$-H 中 Ni(OH)$_2$ 片层一部分与 GO 片层垂直分布或与 GO 片层呈一定角度(图中黑色条状部分),另一部分 Ni(OH)$_2$ 片层与 GO 片层平行,这种 Ni(OH)$_2$ 片层与 GO 片层的随机分布方式使复合材料呈现出三维多孔的空间结构。通过测量黑色条状部分的平均尺寸可以得到部分还原 Ni(OH)$_2$ 片层的长度大约为 22.9 nm,厚度大约为 4.6 nm。从图 9-9(c)中可以看出 GO/Ni(OH)$_2$-M 中的 Ni(OH)$_2$ 片层略有堆叠。通过测量黑色条状部分的尺寸可以得出 Ni(OH)$_2$ 片层的长度大约为 37.5 nm,厚度大约为 5.3 nm。比较图 9-9(a)和图 9-9(c)可以得到,GO/Ni(OH)$_2$-H 中的 Ni(OH)$_2$ 有更小的片层尺寸,这与均质机的剥离和高剪切作用有关。从图 9-9(b)和图 9-9(d)的 HTEM 中可以看出,在衬度较高的明亮的片层上量出的晶面间距为 0.23 nm,对应着 β-Ni(OH)$_2$ 的(101)晶面;在衬度较高区域的黑色条状部分的晶面间距为 0.46 nm,对应着 β-Ni(OH)$_2$ 的(001)晶面。说明用两种搅拌方式制备出的 Ni(OH)$_2$ 均为 β 相 Ni(OH)$_2$。

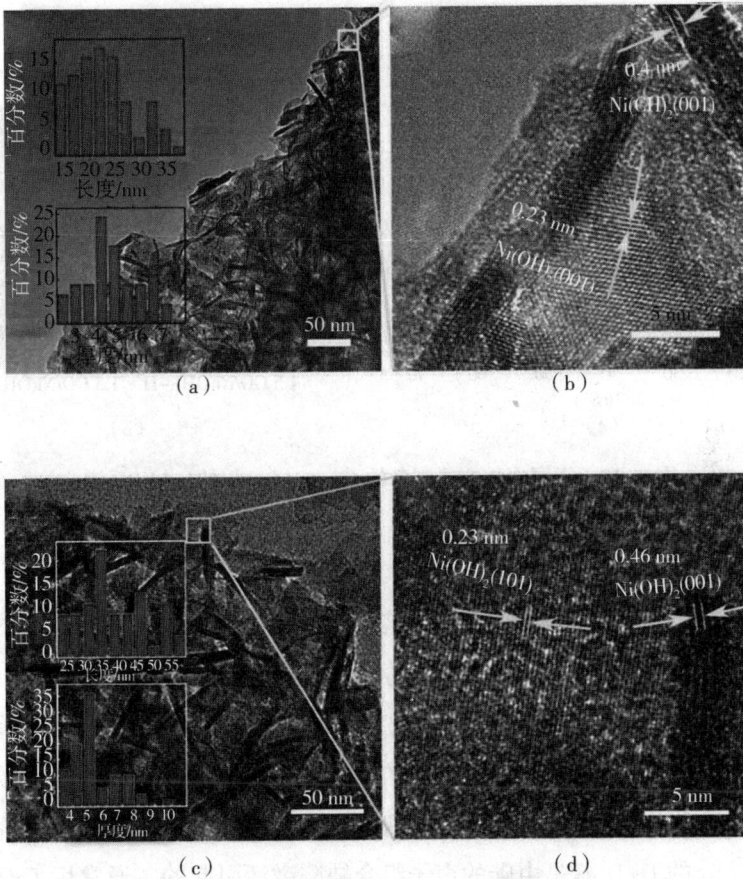

图 9-9　不同搅拌方式制备的 GO/Ni(OH)$_2$ 复合材料的 TEM 图
(a)、(b) GO/Ni(OH)$_2$-H; (c)、(d) GO/Ni(OH)$_2$-M

　　笔者采用 XRD 进一步分析了两种搅拌方式对所制备的 GO/Ni(OH)$_2$ 晶体结构的影响,如图 9-10 所示。根据图 9-10(a)中衍射峰的半峰宽,可以计算出 Ni(OH)$_2$ 的晶粒尺寸,计算结果如图 9-10(b)所示。根据 Ni(OH)$_2$ 的(001)和(100)晶面的半峰宽可以计算出 GO/Ni(OH)$_2$-H 中 Ni(OH)$_2$ 的尺寸长度和宽度分别为 4.42 nm 和 13.73 nm,GO/Ni(OH)$_2$-M 中 Ni(OH)$_2$ 的长度和宽度分别为 4.91 nm 和 14.90 nm。这表明,GO/Ni(OH)$_2$-H 中 Ni(OH)$_2$ 的尺寸比 GO/Ni(OH)$_2$-M 中 Ni(OH)$_2$ 的尺寸要小。这是因为与搅拌桨搅拌相比,均质机的高速剪切力可使高速冲出的 Ni(OH)$_2$ 粒子产生摩擦和碰撞,从而能够限制 Ni(OH)$_2$ 晶粒的长大,这一结果与 TEM 结果吻合。

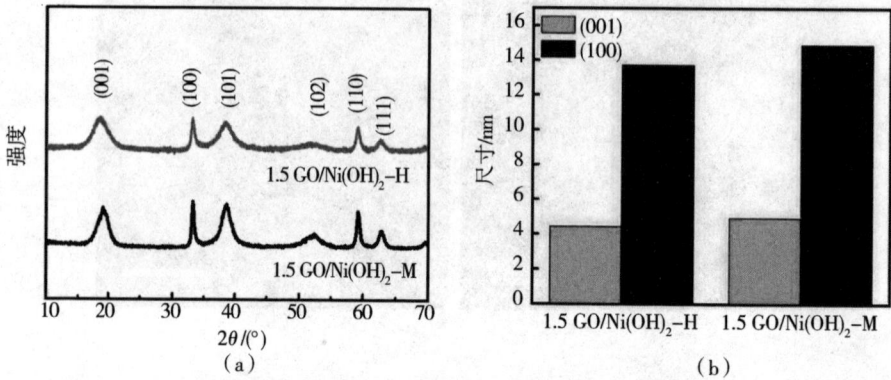

图 9-10 不同搅拌方式制备的 GO/Ni(OH)$_2$ 的(a) XRD 谱
和(b) Ni(OH)$_2$ 尺寸的柱状图

图 9-11 为采用不同搅拌方式制备的 GO/Ni(OH)$_2$ 的 Raman 谱图,通过 Raman 光谱可以确定复合材料中 GO 的缺陷和边缘密度。456 cm^{-1} 处的峰表示 Ni(OH)$_2$ 的 A$_{2u}$(T) 晶格振动。位于 1350 cm^{-1} 处的 D 峰是由碳的六元环的呼吸振动产生的,代表着缺陷密度;位于在 1580~1600 cm^{-1} 处的 G 峰是碳的 E$_{2g}$ 声子布里渊区中心的振动;位于 2700 cm^{-1} 处的 2D 峰是 D 峰的二阶峰;位于 2940 cm^{-1} 处的 D+D′峰是由碳的声子组合缺陷激活引起的。通常用 I_D/I_G 来表示 GO 的缺陷密度或是边缘的多少。1.5GO/Ni(OH)$_2$-M 的 I_D/I_G 值(1.14)和 1.5GO/Ni(OH)$_2$-H 的 I_D/I_G 值(1.22)比 GO 的 I_D/I_G 值大,表明 GO 的官能团被部分去除,缺陷密度增大,边缘增多。同时,1.5GO/Ni(OH)$_2$-H 的 I_D/I_G 值比 1.5GO/Ni(OH)$_2$-M 的 I_D/I_G 值高,这表明 1.5GO/Ni(OH)$_2$-H 中的 GO 尺寸更小并且有数量更多的平面的 sp^2 区域。

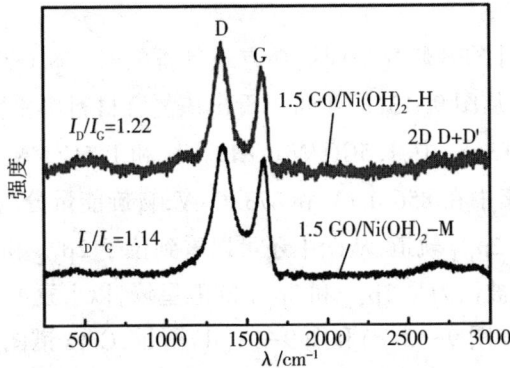

图 9-11　不同搅拌方式制备的 GO/Ni(OH)₂ 复合材料的 Raman 谱

　　笔者用 N₂ 吸附-脱附等温曲线测定了 1.5GO/Ni(OH)₂-H 和 1.5GO/Ni(OH)₂-M 的比表面积和孔径尺寸分布,如图 9-12 所示。从图 9-12(a) 中可以看出,1.5GO/Ni(OH)₂-H 和 1.5GO/Ni(OH)₂-M 属于 IV 型等温吸附曲线,0.45~1.0 p/p_0 的范围内有 H3 型滞后线。1.5GO/Ni(OH)₂-H 和 1.5GO/Ni(OH)₂-M 的平均孔径尺寸如图 9-12(b) 所示,1.5GO/Ni(OH)₂-H 和 1.5GO/Ni(OH)₂-M 的平均孔径尺寸分别为 6.8 nm 和 15.8 nm。不同搅拌方式制备的 GO/Ni(OH)₂ 的 BET 结果如图 9-12(a) 所示。1.5GO/Ni(OH)₂-H 的比表面积为 161.91 m²·g⁻¹,高于 1.5GO/Ni(OH)₂-M 的比表面积 (94.73 m²·g⁻¹),说明均质机的高剪切力有利于剥离 GO,并且可以抑制 Ni(OH)₂ 堆叠,因此采用均质机制备的 GO/Ni(OH)₂ 对增大 GO/Ni(OH)₂ 的比表面积有显著作用。

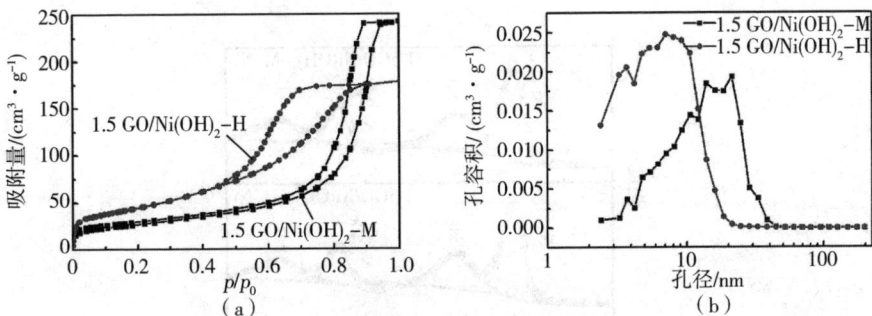

图 9-12　不同搅拌方式制备的 1.5GO/Ni(OH)₂ 的
(a) N₂ 吸附-脱附曲线和 (b) 孔径分布

笔者进一步用 XPS 研究不同搅拌方式制备的 GO/Ni(OH)$_2$ 的键合类型，如图 9-13 所示。从图 9-13(a)中可以看出该复合材料中主要有 Ni、C 和 O 三种元素。在图 9-13(b)中，1.5GO/Ni(OH)$_2$-H 和 1.5GO/Ni(OH)$_2$-M 都显示了两个较强的峰集中在 856.1 eV 和 873.6 eV，自旋能量分离差为 17.6 eV，对应于镍的 2p$_{3/2}$ 和 2p$_{1/2}$ 轨道，从图中还可以看到位于 2p$_{3/2}$ 和 2p$_{1/2}$ 轨道更高的峰位，两个峰可以被认为是 2p$_{3/2}$ 和 2p$_{1/2}$ 的卫星峰，以上这些 Ni 的特征峰均来自于 Ni(OH)$_2$。如图 9-13(c)和图 9-13(d)所示，C 1s 谱图分为四个峰，分别为位于 284.6 eV 的 C＝C、286.2 eV 的 C—O、288.5 eV 的 C＝O 和 289.8 eV 的 HO—C＝O。通过 C 1s 峰的拟合结果计算出两种复合材料中官能团的含量如图 9-13(e)所示，结果表明 1.5GO/Ni(OH)$_2$-H 的含氧基团含量(25.17%)低于 1.5GO/Ni(OH)$_2$-M(28.83%)。同时，1.5GO/Ni(OH)$_2$-H 中 C＝C 基团含量(68.00%)高于 1.5GO/Ni(OH)$_2$-M 中 C＝C 基团含量(62.79%)。在 1.5GO/Ni(OH)$_2$-H 中 sp^2 C 含量较高可能是由于氢氧化钠对 GO 的还原作用。

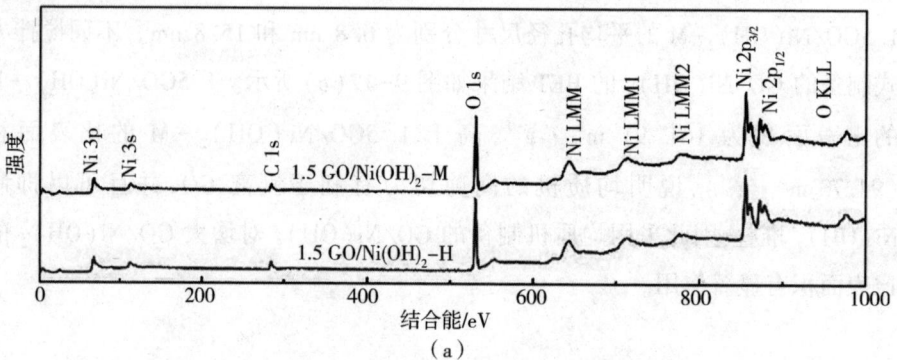

（a）

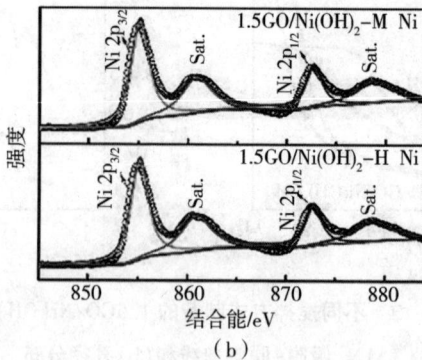

（b）

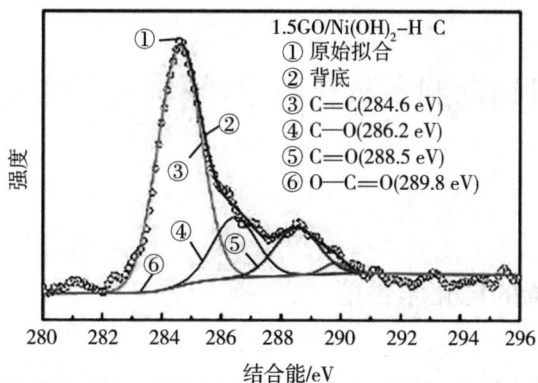

（c）

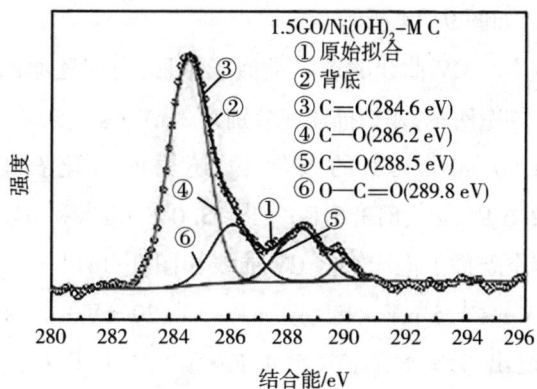

（d）

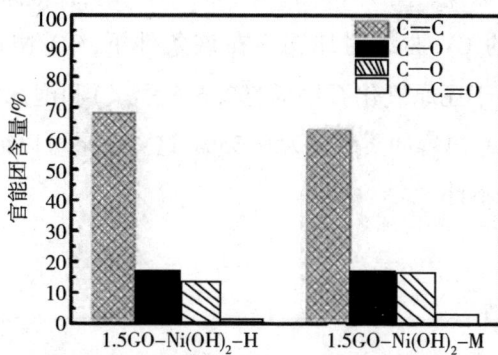

（e）

图9-13　不同搅拌方式制备的 1.5GO/Ni(OH)$_2$ 复合材料的

（a）～（d）XPS 图以及（e）官能团含量

9.5 均质机辅助制备氧化石墨烯/氢氧化镍复合材料的电化学性能

9.5.1 石墨烯的电化学性能

为了解还原的氧化石墨烯单独作为电容器材料能够提供的比电容和排除泡沫镍提供的比电容对复合电极的影响,笔者对还原的氧化石墨烯和泡沫镍进行了电化学测试,如图 9-14 所示。

图 9-14(a)中的 CV 曲线的形状类似于矩形,说明还原的氧化石墨烯是双电层存能机制。如图所示,在扫描速率分别为 $2 \ mV \cdot s^{-1}$、$5 \ mV \cdot s^{-1}$、$10 \ mV \cdot s^{-1}$、$20 \ mV \cdot s^{-1}$ 和 $50 \ mV \cdot s^{-1}$ 的条件下,还原的氧化石墨烯分别呈现出 $110.4 \ F \cdot g^{-1}$、$92.6 \ F \cdot g^{-1}$、$813.3 \ F \cdot g^{-1}$、$75.0 \ F \cdot g^{-1}$ 和 $63.8 \ F \cdot g^{-1}$ 的比电容。多种扫描速率条件下泡沫镍的 CV 曲线如图 9-14(b)所示。如图所示,在扫描速率为 $2 \ mV \cdot s^{-1}$、$5 \ mV \cdot s^{-1}$、$10 \ mV \cdot s^{-1}$、$20 \ mV \cdot s^{-1}$ 和 $50 \ mV \cdot s^{-1}$ 时,泡沫镍分别呈现出 $6.1 \ F \cdot g^{-1}$、$5.4 \ F \cdot g^{-1}$、$4.6 \ F \cdot g^{-1}$、$13.3 \ F \cdot g^{-1}$ 和 $1.9 \ F \cdot g^{-1}$ 的比电容。如图 9-14(c)所示,在各扫描速率下,还原氧化石墨烯的比电容都远大于泡沫镍。图 9-14(d)为 $5 \ mV \cdot s^{-1}$ 时,镍泡沫、还原氧化石墨烯和 $GO/Ni(OH)_2$ 的 CV 曲线对比图。在该条件下,$GO/Ni(OH)_2$ 的比电容($158 \ F \cdot g^{-1}$)远高于还原氧化石墨烯($92.6 \ F \cdot g^{-1}$)和泡沫镍($5.4 \ F \cdot g^{-1}$)。泡沫镍对复合材料总电容的贡献仅为 0.35%,这一结果可以证实镍集流体本身的电容贡献可忽略不计。

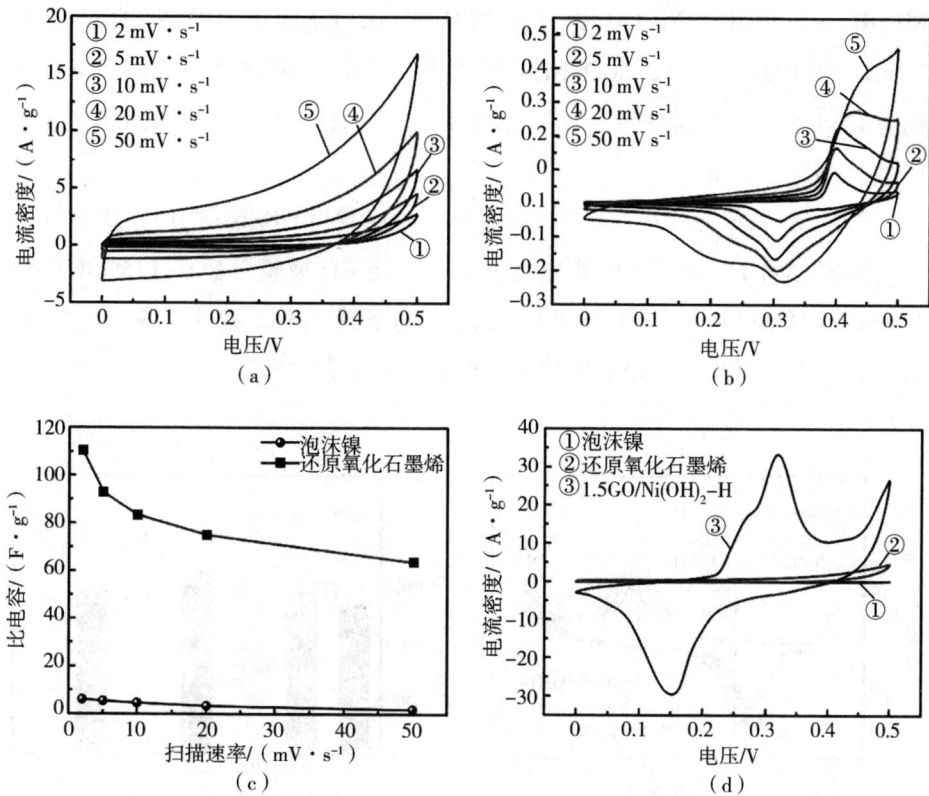

图9-14 还原氧化石墨烯和泡沫镍的电化学性能

(a)还原氧化石墨烯的 CV 曲线;(b)泡沫镍的 CV 曲线;

(c)还原氧化石墨烯和泡沫镍的比电容值;(d)还原氧化石墨烯、

泡沫镍和 GO/Ni(OH)$_2$ 的 CV 曲线

9.5.2 质量配比对氧化石墨烯/氢氧化镍复合材料电化学性能的影响

本节探究了均质机作为搅拌方式的不同 GO 质量分数的 GO/Ni(OH)$_2$ 的电化学性能。当扫描速率为 2 mV · s^{-1} 时,不同 GO 质量分数的 GO/Ni(OH)$_2$ 样品的 CV 曲线如图9-15(a)所示。图中氧化还原峰对应 Ni(Ⅱ)-Ni(Ⅲ)的可逆氧化还原反应。图9-15(b)为根据均质机作为搅拌方式的不同 GO 质量分数的 GO/Ni(OH)$_2$ 的 CV 曲线计算出的比电容结果。Ni(OH)$_2$-H、0.1GO/

Ni(OH)$_2$-H、0.5GO/Ni(OH)$_2$-H、1.0GO/Ni(OH)$_2$-H、1.5GO/Ni(OH)$_2$-H、2.0GO/Ni(OH)$_2$-H 和 2.6GO/Ni(OH)$_2$-H 在 2 mV·s^{-1} 的条件下的比电容分别为 1364 F·g^{-1}、1481 F·g^{-1}、1592 F·g^{-1}、1643 F·g^{-1}、1836 F·g^{-1}、1537 F·g^{-1} 和 1446 F·g^{-1}。

随着 GO 质量分数从 0%增加到 1.5%,可以看出 GO/Ni(OH)$_2$-H 电极的比电容从 1364 F·g^{-1} 增加到 1836 F·g^{-1}。当 GO 质量分数从 1.5%增加到 2.6%时,GO/Ni(OH)$_2$-H 电极的比电容呈下降趋势。综上所述,1.5GO/Ni(OH)$_2$-H 的比电容在所有不同 GO 质量分数的样品中最高。

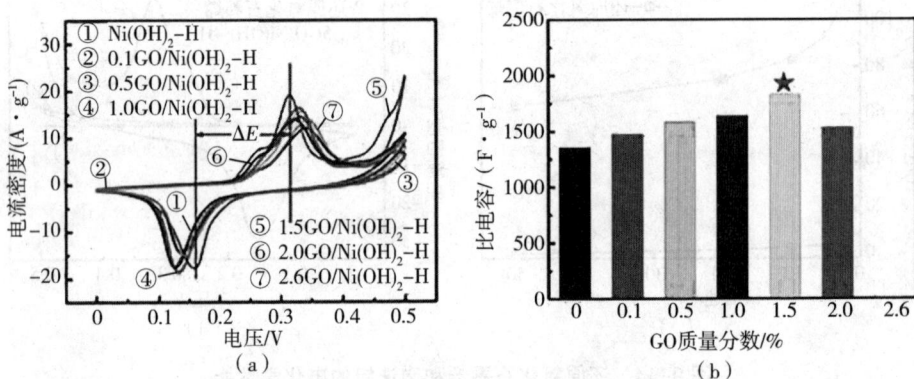

图 9-15　不同 GO 质量分数的 GO/Ni(OH)$_2$ 的(a)CV 曲线和(b)2 mV·s^{-1} 时的比电容值

由于不同 GO 质量分数的 GO/Ni(OH)$_2$ 的 CV 曲线看起来没有明显规律,因此笔者对不同 GO 质量分数的 GO/Ni(OH)$_2$ 的 CV 曲线做了进一步的分析。结果表明,不同 GO 质量分数的 GO/Ni(OH)$_2$ 的 CV 曲线氧化还原的峰电位分离差(ΔE)与垂直于 Ni(OH)$_2$ 的(100)平面的晶粒尺寸呈正相关,如图 9-16 所示。产生这种规律的原因是较小的 Ni(OH)$_2$ 粒子有利于质子在电极材料中的扩散,促进电化学反应过程中氧化还原反应的进行,从而使峰电位分离差变小。因此,氧化还原的峰电位分离差的变化主要是 Ni(OH)$_2$ 的晶粒尺寸不同造成的,而这也与 GO 的质量分数密切相关。

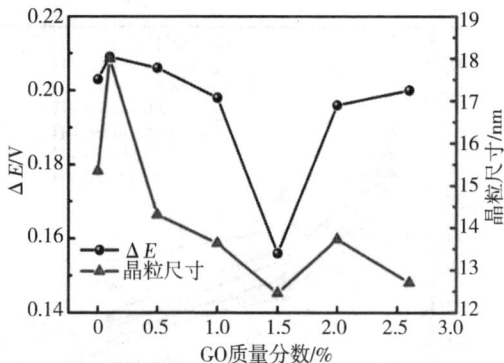

图 9-16　不同 GO 质量分数的 GO/Ni(OH)$_2$-H 的峰电位差值
和晶粒尺寸的关系图

为了进一步研究不同 GO 质量分数的 GO/Ni(OH)$_2$-H 的电化学性能的关系,笔者在不同条件下对其比电容进行了测试,如图 9-17(a)所示。从图中可以看出,1.5GO/Ni(OH)$_2$-H 在各个条件下都表现出最大的比电容值。1.5GO/Ni(OH)$_2$-H 在 50 mV·s^{-1} 时的电容保持率为 2 mV·s^{-1} 时的 48.1%。1.5GO/Ni(OH)$_2$-H 在不同 GO 质量分数的 GO/Ni(OH)$_2$-H 中倍率性能最好。利用不同 GO 质量分数的 GO/Ni(OH)$_2$-H 的比电容换算出复合材料电极的比容量,如图 9-17(b)所示。可以看出,Ni(OH)$_2$-H、0.1GO/Ni(OH)$_2$-H、0.5GO/Ni(OH)$_2$-H、1.0GO/Ni(OH)$_2$-H、1.5GO/Ni(OH)$_2$-H、2.0GO/Ni(OH)$_2$-H 和 2.6GO/Ni(OH)$_2$-H 在 2 mV·s^{-1} 条件下的比容量分别为 682 C·g^{-1}、740 C·g^{-1}、796 C·g^{-1}、821 C·g^{-1}、918 C·g^{-1}、768 C·g^{-1} 和 723 C·g^{-1},并且 1.5GO/Ni(OH)$_2$-H 在各扫描速率下表现出最大的比容量。

说明适当的 GO 质量分数能够增强 GO/Ni(OH)$_2$ 复合电极材料的倍率性能。1.5GO/Ni(OH)$_2$-H 电极具有良好的电化学性能可能与 1.5GO/Ni(OH)$_2$-H 中 Ni(OH)$_2$ 的粒径较小有关,具有较小晶粒尺寸的 Ni(OH)$_2$ 颗粒能够带有更多的电化学活性位点,存储更多的电荷。

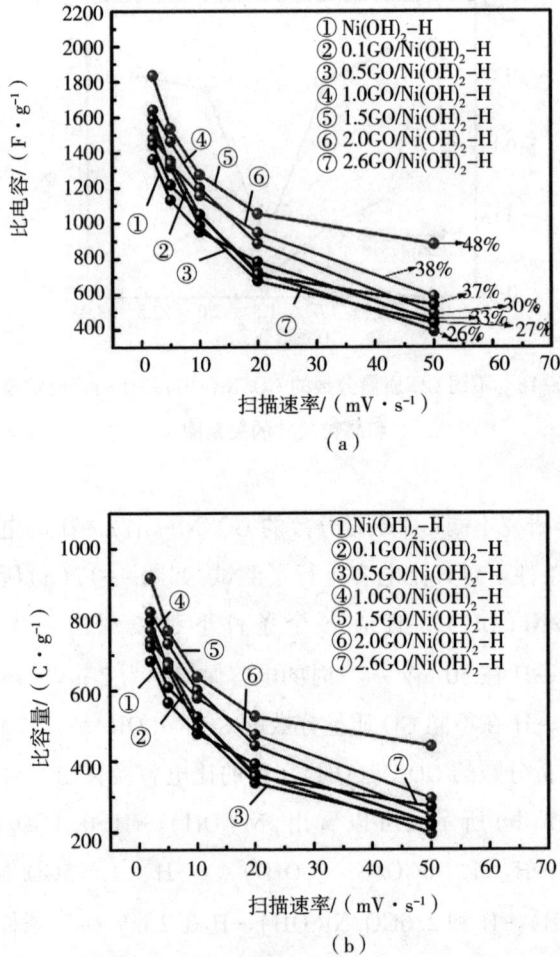

图 9-17　不同 GO 质量分数的 GO/Ni(OH)$_2$-H 在不同扫速下的
(a) 比电容和(b) 比容量

　　而后笔者又对不同 GO 质量分数的 GO/Ni(OH)$_2$-H 中 Ni(OH)$_2$ 所占的比电容进行了计算,如图 9-18 所示。可以看出,不同 GO 质量分数的 GO/Ni(OH)$_2$-H 中 Ni(OH)$_2$ 的比电容占总复合材料比电容的总体变化趋势与总的复合材料比电容的大小变化趋势一致,1.5GO/Ni(OH)$_2$-H 中的 Ni(OH)$_2$ 表现出的比电容最大,说明此时 Ni(OH)$_2$ 在复合材料中表现出最好的协同作用。因此,后续的实验选择 1.5% 的 GO 作为最优质量配比进行分析。

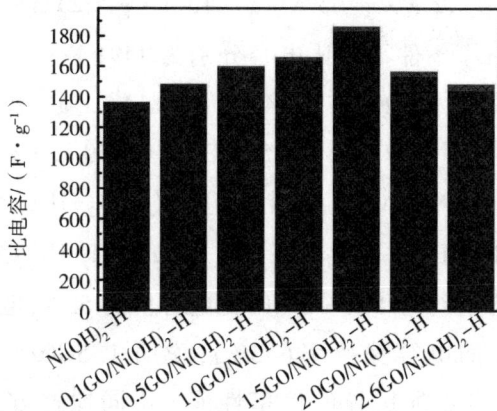

图 9-18　$Ni(OH)_2$ 在不同 GO 质量分数的 $GO/Ni(OH)_2$-H 中所占的比电容比重

9.5.3　搅拌方式对氧化石墨烯/氢氧化镍复合材料电化学性能的影响

　　笔者进一步对不同搅拌方式制备的 $GO/Ni(OH)_2$ 复合材料的电化学性能进行了研究,如图 9-19 所示。本书选择复合材料中 GO 质量分数为 1.5% 的 $GO/Ni(OH)_2$ 进行分析。可以看到不同搅拌方式制备的 $GO/Ni(OH)_2$ 的 CV 曲线中,当扫速增加时,氧化电位向较高区域移动,而还原电位向较低区域移动,如图 9-19(a)和图 9-19(b)所示,这一现象与氧化还原过程中离子扩散有关,随着扫速的增加,电解质离子来不及进入电极内部,扩散难于进行,导致氧化还原反应也难于进行,因此氧化还原电位向绝对值高的方向移动。在相同的扫速下,$1.5GO/Ni(OH)_2$-H 比 $1.5GO/Ni(OH)_2$-M 有更大的 CV 曲线面积,说明 $1.5GO/Ni(OH)_2$-H 有更大的比电容值。同时,$1.5GO/Ni(OH)_2$-H 的氧化还原峰位的绝对值更小,说明 $1.5GO/Ni(OH)_2$-H 更利于电解质离子的扩散,具有更好的倍率性能。如图 9-19(c)和图 9-19(d)所示,在各种电流密度下,不同搅拌方式制备的 $GO/Ni(OH)_2$ 的 GCD 曲线呈现出赝电容性质。在统一的电流密度下,$1.5GO/Ni(OH)_2$-H 比 $1.5GO/Ni(OH)_2$-M 有更长的放电时间,说明 $1.5GO/Ni(OH)_2$-H 有更大的比电容值。不同搅拌方式制备的 $GO/Ni(OH)_2$ 根据 GCD 曲线计算出的比电容值如图 9-19(e)所示,$1.5GO/$

Ni(OH)$_2$-H 在 1 A·g^{-1}、2 A·g^{-1}、5 A·g^{-1}、10 A·g^{-1}、20 A·g^{-1}、30 A·g^{-1}、40 A·g^{-1} 和 50 A·g^{-1} 条件下的比电容分别为 1494 F·g^{-1}、1392 F·g^{-1}、1357 F·g^{-1}、1148 F·g^{-1}、965 F·g^{-1}、874 F·g^{-1}、812 F·g^{-1} 和 777 F·g^{-1}，换算为比容量为 598 C·g^{-1}、557 C·g^{-1}、543 C·g^{-1}、459 C·g^{-1}、386 C·g^{-1}、350 C·g^{-1}、325 C·g^{-1} 和 311 C·g^{-1}。1.5GO/Ni(OH)$_2$-H 在各电流密度下的比电容值比 1.5GO/Ni(OH)$_2$-M 至少高 144 F·g^{-1}。1.5GO/Ni(OH)$_2$-H 在 50 A·g^{-1} 时的比电容值约为 1 A·g^{-1} 时比电容值的 52%，电容保持率高于 1.5GO/Ni(OH)$_2$-M 的电容保持率（43%），说明 1.5GO/Ni(OH)$_2$-H 比 1.5GO/Ni(OH)$_2$-M 有更加优异的倍率性能。不同搅拌方式制备的 GO/Ni(OH)$_2$ 根据计算得出的比电容值如图 9-19(f) 所示，1.5GO/Ni(OH)$_2$-H 在 2 mV·s^{-1}、5 mV·s^{-1}、10 mV·s^{-1}、20 mV·s^{-1} 和 50 mV·s^{-1} 的条件下，比电容值分别为 1836 F·g^{-1}、1538 F·g^{-1}、1276 F·g^{-1}、1054 F·g^{-1} 和 883 F·g^{-1}，换算为比容量为 918 C·g^{-1}、769 C·g^{-1}、638 C·g^{-1}、527 C·g^{-1} 和 442 C·g^{-1}，均高于 1.5GO/Ni(OH)$_2$-M。说明采用均质机作为搅拌方式制备的 GO/Ni(OH)$_2$ 具有很强的电荷存储能力能。

为进一步研究不同搅拌方式对 GO/Ni(OH)$_2$ 电化学性能的影响，笔者研究了在 20 A·g^{-1} 的条件下的欧姆压降。如图 9-20 所示，1.5GO/Ni(OH)$_2$-H 的欧姆压降（0.015 V）小于 1.5GO/Ni(OH)$_2$-M 的欧姆压降（0.043 V）。欧姆压降越小，代表等效串联电阻越小，说明 1.5GO/Ni(OH)$_2$-H 的电导率比 1.5GO/Ni(OH)$_2$-M 高，有利于电子的传输，利于实现优异的电化学性能。

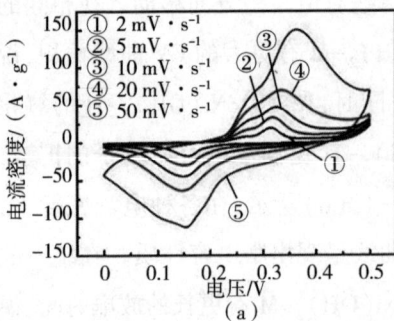

（a）

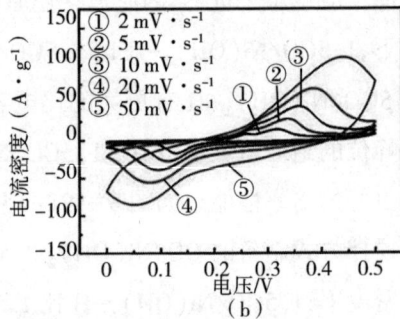

（b）

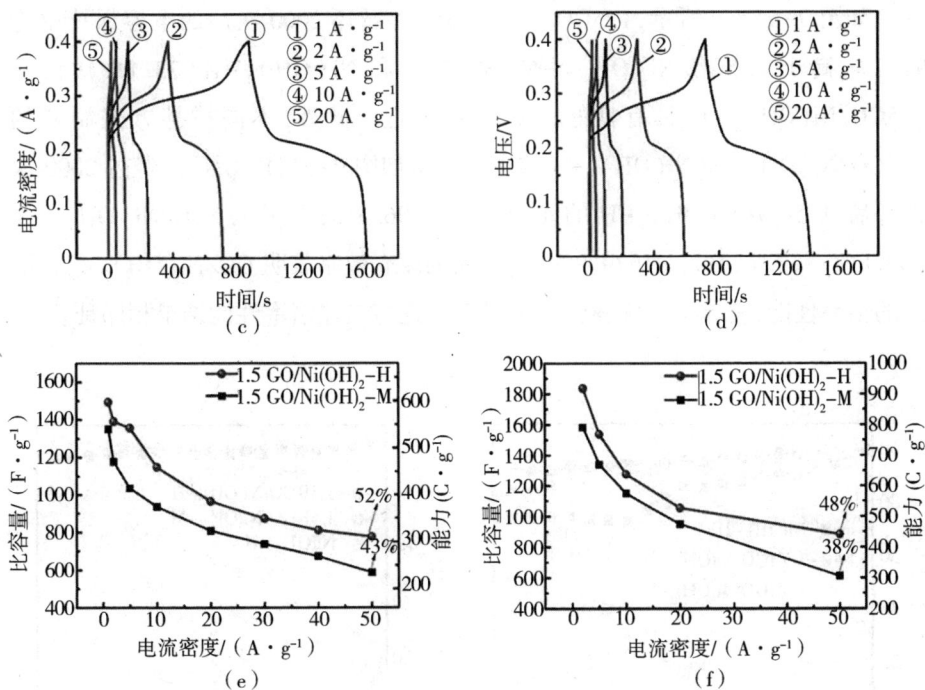

图9-19 不同搅拌方式制备的1.5GO/Ni(OH)₂的CV曲线、GCD曲线和比电容值

(a)、(c)、(e)1.5 GO/Ni(OH)₂-H; (b)、(d)、(f)1.5 GO/Ni(OH)₂-M

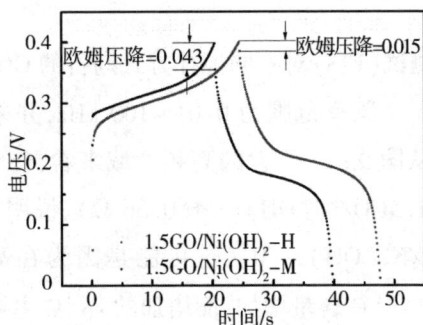

图9-20 不同搅拌方式制备的GO/Ni(OH)₂在20 A·g⁻¹

电流密度下的欧姆压降

　　循环稳定性也是衡量电极材料电化学性能的一个非常重要的方面,因此笔者对不同搅拌方式制备的GO/Ni(OH)₂在20 A·g⁻¹的条件下进行了2000次的循环测试。

如图 9-21(a)所示,1.5GO/Ni(OH)$_2$-H 循环 2000 次后的电容保持率为 91.7%,高于 1.5GO/Ni(OH)$_2$-M(82.5%)和 Ni(OH)$_2$-H(73.8%),说明 1.5GO/Ni(OH)$_2$-H 具有良好的循环稳定性。此外,不同搅拌方式制备的 1.5GO/Ni(OH)$_2$ 和 Ni(OH)$_2$-H 的库仑效率如图 9-21(b)所示。经过 2000 次循环后,1.5GO/Ni(OH)$_2$-H 的库仑效率为 96.8%,高于 1.5GO/Ni(OH)$_2$-M(92.8%)和 Ni(OH)$_2$-H(79.9%)。较高的库仑效率表明 GO/Ni(OH)$_2$ 具有更好的倍率性能,是导电性优异的一种表现。这与上述倍率性能结果相印证。

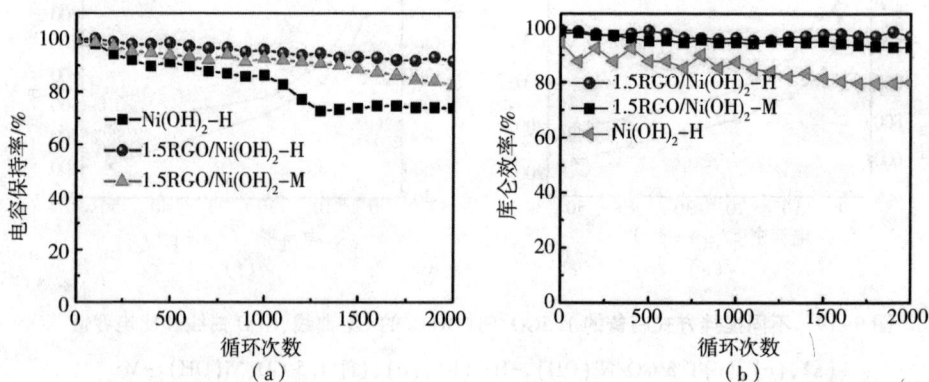

图 9-21　不同搅拌方式制备的 GO/Ni(OH)$_2$ 的(a)循环性能和(b)库仑效率曲线

运用电化学阻抗测试(EIS)对不同搅拌方式制备的 GO/Ni(OH)$_2$ 进行进一步分析,如图 9-22 所示。频率范围为 0.01~100 kHz,并采用等效电路进行拟合,如图 9-23 所示。从图 9-22 放大的高频区域来看,1.5GO/Ni(OH)$_2$-H 的 R_s 值为 0.24 Ω,小于 1.5GO/Ni(OH)$_2$-M(0.36 Ω),说明 1.5GO/Ni(OH)$_2$-H 的电导率优于 1.5GO/Ni(OH)$_2$-M。这可能是因为在高剪切混合作用下,1.5GO/Ni(OH)$_2$-H 中 sp^2 C 含量增加,而增加的 sp^2 C 主要来自于在均质机高剪切作用下有效还原的 GO。1.5GO/Ni(OH)$_2$-H(0.10 Ω)的 R_{ct} 值小于 1.5GO/Ni(OH)$_2$-M(0.22 Ω)的 R_{ct} 值,表明 1.5GO/Ni(OH)$_2$-H 的电子传递效率更高。1.5GO/Ni(OH)$_2$-H 的 R_{ct} 值较小,是因为复合材料的电极材料比表面积大,增大了电极材料与电解液的接触面积,可以促进氧化还原反应的进行。1.5GO/Ni(OH)$_2$-H 的电极扩散阻力 σ 值(1.76 Ω·s$^{-1/2}$)与 1.5GO/Ni(OH)$_2$-M 的 σ 值(5.41 Ω·s$^{-1/2}$)相比,1.5GO/Ni(OH)$_2$-H 的 σ 值较小,具

有更快的离子扩散动力学。这可能是因为均质机搅拌方式制备的 GO/Ni(OH)$_2$ 有更加均匀的孔结构,加速电解液渗透促进离子扩散到电极材料的内部。

电化学阻抗结果表明,1.5GO/Ni(OH)$_2$-H 的电化学性能优于 1.5GO/Ni(OH)$_2$-M。在 GO/Ni(OH)$_2$ 制备过程中,均质机的引入提高了材料的电导率,促进了氧化还原反应过程中的电荷转移和电解液对电极的渗透。

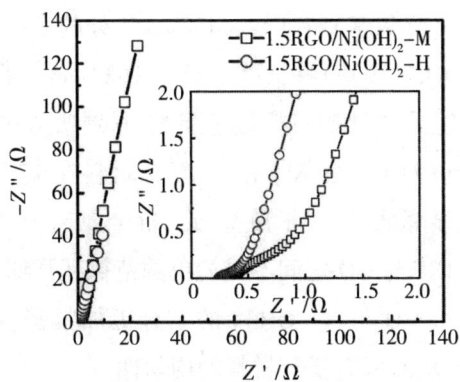

（a）

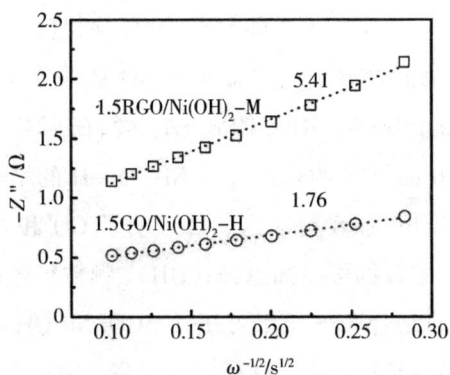

（b）

图 9-22　不同搅拌方式制备的 GO/Ni(OH)$_2$ 的 Nyquist 曲线

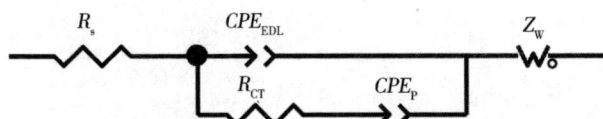

图 9-23　Nyquist 曲线等效电路拟合

9.6 均质机辅助制备氧化石墨烯/氢氧化镍复合材料的机理研究

图 9-24 为 GO、GO/Ni^{2+} 和 1.5GO/Ni(OH)$_2$-H 的 FT-IR 光谱。从图中可以看到 GO 存在以下特征峰,分别是 1060 cm^{-1} 处的 C—O(烷氧基)特征峰、1228 cm^{-1} 处的 C—O(环氧基)特征峰、1408 cm^{-1} 处的 C—OH(羟基)特征峰和 1737 cm^{-1} 处的 C—OOH(羧基)特征峰。对于 1627 cm^{-1} 处的峰文献普遍存在争议,这个峰位有可能是含氧基团类似于酯类、材料吸收的水或是未氧化的石墨化区域引起的。与 GO 和 GO/Ni^{2+} 相比,复合材料在 1737 cm^{-1} 处 C═O(羧基)峰的相对强度明显降低,证实了羧基与二价金属离子产生了配位。由于羧基与 Ni^{2+} 配位,说明 Ni^{2+} 与 GO 之间不是简单的范德瓦耳斯力连接,而是由配位键相连,这种结合使得 GO 与 Ni(OH)$_2$ 的结合更加紧密,有利于 Ni(OH)$_2$ 在 GO 表面的均匀分布,从而提高复合材料的均匀性。

与 GO 相比,1.5GO/Ni(OH)$_2$-H 在 3409 cm^{-1} 处的—OH 峰几乎看不见了,说明 1.5GO/Ni(OH)$_2$-H 中的 GO 部分被还原。同时,1.5GO/Ni(OH)$_2$-H 中含氧基团的相对振动强度降低了,也证实了 GO 被部分还原。在 1370 cm^{-1} 处出现的衍射峰是来自 β-Ni(OH)$_2$ 的 E_g+A$_{2u}$ 峰,在 421 cm^{-1} 的峰归属于 Ni—O 的伸缩振动,在 510 cm^{-1} 处的峰对应于 Ni—O—H 的结合峰,位于 3636 cm^{-1} 处的峰对应于 O—H 伸缩振动峰。这些峰证明了 GO 和 β-Ni(OH)$_2$ 的存在。进一步分析红外表征的数据可以知道,Ni(OH)$_2$ 颗粒覆盖的 GO 在制备过程中发生了部分还原,而且结合 XPS 结果可知,1.5GO/Ni(OH)$_2$-M 中 GO 的还原程度比 1.5GO/Ni(OH)$_2$-M 中存在 GO 还原程度高。GO 发生还原一方面是由于配位键的形成本身就会利用掉 GO 表面的部分羧基基团,使 GO 部分还原,有利于 GO 本身的自组装;另一方面是由于在氢氧化钠溶液中 GO 会发生部分还原。

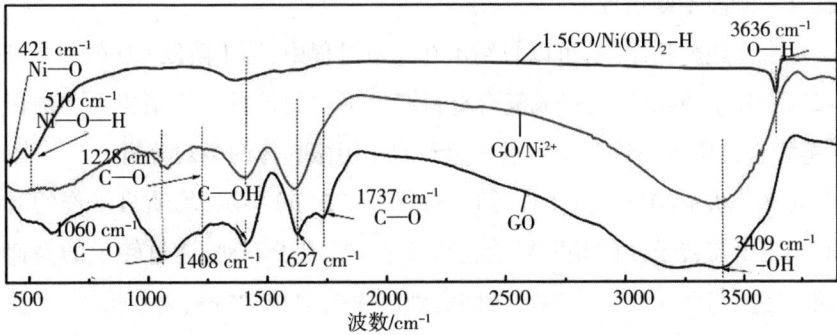

图 9-24　GO、GO/Ni²⁺和 1.5GO/Ni(OH)₂-H 的 FT-IR 光谱

为了阐明采用高剪切搅拌方式对复合材料结构的影响,笔者对 1.5GO/Ni(OH)₂-H 和 1.5GO/Ni(OH)₂-M 制备过程中不同 pH 值下的 Zeta 电位进行了测试,如图 9-25 所示。向浓度为 1 mg·mL⁻¹ 的 GO 水溶液中加入 Ni(CH₃COO)₂ 溶液之前的 pH 值为 6.5,此时的混合物在水中的 Zeta 电位低于 -40 mV。由于当 Zeta 电位的绝对值大于 30 mV,溶液能稳定悬浮而不沉降。因此,加入 Ni(CH₃COO)₂ 溶液之前,GO 水溶液处于稳定分散的状态。

根据 Zeta 电位与 pH 值的关系,将 1.5GO/Ni(OH)₂-H 和 1.5GO/Ni(OH)₂-M 的制备过程分为三部分。

(1)阶段 Ⅰ(pH=6.5~7.5):将 GO 溶液快速加入 Ni(CH₃COO)₂ 溶液中,混合物的 Zeta 电位从 -40 mV(pH=6.5)变化到 0.93 mV(pH=6.6)。GO 吸附 Ni²⁺后,GO 溶液的 Zeta 电位接近于零,这说明 GO 溶液经历了一个由稳定到不稳定的过程。而后加入 NaOH 溶液后,根据 Ni(OH)₂ 的溶解度积可以计算出 Ni(OH)₂ 在 pH 值为 6.7 时开始析出。在 pH=7.5 之前,1.5GO/Ni(OH)₂-H 和 1.5GO/Ni(OH)₂-M 的 Zeta 电位仍低于 30 mV。

(2)阶段 Ⅱ(pH=7.5~8.1):GO/Ni(OH)₂-H 的 Zeta 电位高于 30 mV,然而 1.5GO/Ni(OH)₂-M 的 Zeta 电位则由高于 30 mV 变为低于 30 mV,但仍然很接近 30 mV。这说明 1.5GO/Ni(OH)₂-H 和 1.5GO/Ni(OH)₂-M 的粒子在溶液中相对稳定、均匀。

(3)阶段 Ⅲ(pH=8.1~13.6):当 pH 值高于 8.1 时,1.5GO/Ni(OH)₂-H 和 1.5GO/Ni(OH)₂-M 的 Zeta 电位低于 30 mV 并且随着 pH 值不断增加,1.5GO/Ni(OH)₂-H 和 1.5GO/Ni(OH)₂-M 的 Zeta 电位不断下降,这表明 Ni(OH)₂ 粒

子在这一阶段不断沉淀。

综合上述分析结果，可以总结出在反应过程中，第Ⅰ阶段GO的聚集和第Ⅲ阶段$Ni(OH)_2$的沉淀是造成复合材料产生不均匀性的两个最主要的原因。因此，笔者就均质机在这两个阶段所起到的作用做具体的微观分析。

先来分析下均质机的工作原理，如图9-25（b）所示，均质机工作的时候主要利用定子与转子间的相互配合。在工作中，定子不动，通过转子的高速旋转使通过定子与转子之间狭缝的液体受到巨大的剪切、摩擦、离心挤压、液流碰撞等多种力学作用。同时工作头采用双向进料的模式，使整个体系在这种高动能的作用下循环往复地工作。因此，均质机搅拌方式与搅拌桨搅拌方式相比，对溶液体系有更大的剪切力并且使冲出的粒子具有更大的角速度和动能。而用均质机搅拌方式制备的$GO/Ni(OH)_2$比用搅拌桨方式制备的$GO/Ni(OH)_2$颗粒更小更加均匀的微观机理主要是由于石墨烯片层和$Ni(OH)_2$粒子冲过转子和定子之间狭窄间隙产生了高剪切力，高速冲出的石墨烯片层和$Ni(OH)_2$粒子产生摩擦和碰撞，从而使$Ni(OH)_2$粒子本身尺寸更小以及$Ni(OH)_2$粒子在石墨烯片层表面分布更加均匀。

接下来分析在第Ⅰ阶段和第Ⅲ阶段这两个溶液体系容易产生不稳定的阶段以及均质机所起到的作用。

对于第Ⅰ阶段，采用均质机的搅拌方式进行高剪切混合主要是通过对GO施加高剪切力有效限制了GO的团聚，从而使GO片层在水溶液中分散均匀，如图9-25（b）第Ⅰ阶段所示；对比图9-25（c）中用搅拌桨搅拌方式制备复合材料，由于单纯搅拌桨主要在搅拌的过程中产生漩涡，漩涡中夹杂着气泡，当气泡破裂时产生很大的冲击波，但是在搅拌的过程中提供的剪切力不够大，不能够对GO片产生足够的剥离，比较容易发生团聚。这也能够很好地解释用均质机搅拌方式制备的$GO/Ni(OH)_2$中GO的还原程度更高，主要是由于剥离得较好的GO在溶液中聚集程度更小，因此用高剪切搅拌方式制备的$GO/Ni(OH)_2$中GO的还原效率比用搅拌桨搅拌方式制备的$GO/Ni(OH)_2$中GO还原效率更高。

对于第Ⅲ阶段，均质机的高剪切力在$GO/Ni(OH)_2$的制备过程中也起着重要作用。均质机提供的高剪切力可以剥离开$Ni(OH)_2$团聚的片层粒子，这种强大的剪切力可以使颗粒间的氢键断裂，从而抑制$Ni(OH)_2$粒子生长和团聚，最终使 GO/Ni(OH)$_2$-H 复合材料中的 Ni(OH)$_2$ 粒径比 GO/Ni(OH)$_2$-M 中的 Ni(OH)$_2$ 粒径要小要薄,如图 9-25(b)所示。

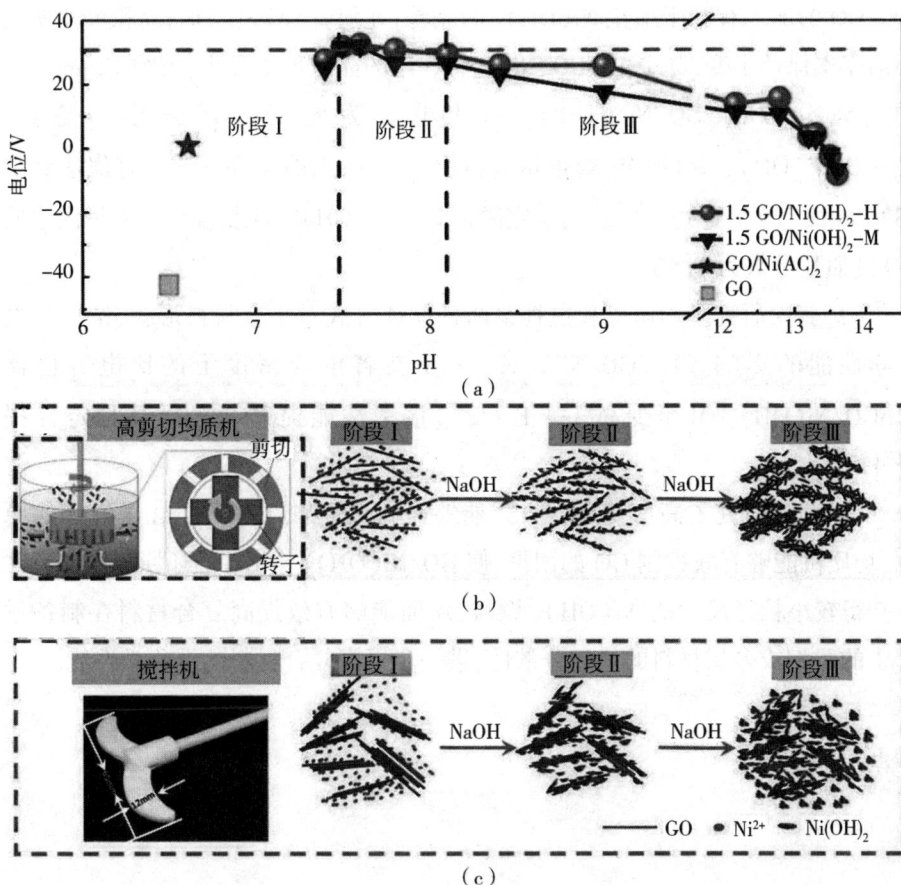

图 9-25 反应过程中的(a)Zeta 电位测试结果和(b)、(c)机理图

综上所述,采用均质机能够有效抑制 GO 团聚并获得较小粒径尺寸的 Ni(OH)$_2$ 颗粒,均质机能够有效提高复合材料在制备过程中的两相或多相材料的均匀分散性,进一步提高复合材料的电化学性能。

9.7 本章小结

本章采用不同搅拌方式制备了 GO/Ni(OH)$_2$,获得了具有优异电化学性能

的复合电极材料,并对该复合材料的微观结构与电化学性能的关系进行了探究。主要结论如下:

(1)首先研究了 GO 质量分数对 GO/Ni(OH)$_2$ 的结构和电化学性能的影响。GO 的加入有利于细化 Ni(OH)$_2$ 的晶粒,并随着 GO 的增加,晶粒尺寸先变小后基本保持不变,其中 1.5GO/Ni(OH)$_2$-H 的晶粒尺寸最小,大约 12 nm。不同质量分数的 GO/Ni(OH)$_2$ 的比电容为先变大后减小的趋势,1.5GO/Ni(OH)$_2$-H 的比电容值最大,在 2 mV·s^{-1} 的条件下比电容值达到了 1836 F·g^{-1}(918 C·g^{-1}),从而确定制备 GO/Ni(OH)$_2$-H 复合材料中最优化的 GO 的质量分数为 1.5%。

(2)其次研究了均质机和搅拌桨两种搅拌方式对复合材料形貌、结构和电化学性能的影响。1.5GO/Ni(OH)$_2$-H 在各电流密度下的比电容值比 1.5GO/Ni(OH)$_2$-M 至少高 144 F·g^{-1},倍率性能提升 9%,循环稳定性提升 4%。

(3)最后研究了高剪切搅拌方式能够提高 GO/Ni(OH)$_2$ 电化学性能的原因,均质机能够有效抑制 GO 的团聚,使 GO/Ni(OH)$_2$ 中 GO 的还原程度更高并且获得较小粒径尺寸的 Ni(OH)$_2$ 颗粒,从而能够有效提高复合材料在制备过程中的两相或多相材料的均匀分散性,进一步提高复合材料的电化学性能。

第10章 氢氧化镍@石墨烯/镍一体化电极的制备及其电化学性能研究

本章提出一种基于石墨烯/镍(G/Ni)复合材料表面腐蚀的氢氧化镍@石墨烯/镍[Ni(OH)$_2$@G/Ni]复合一体化电极的制备方法。利用燃烧合成法,以酚醛树脂(PF)、贝壳(BK)等碳源制备了少层石墨烯,利用电火花烧结制备了G/Ni复合材料,利用电化学腐蚀将G/Ni复合材料中的Ni部分原位转化成Ni(OH)$_2$,制得Ni(OH)$_2$@G/Ni复合一体化电极,并研究了影响Ni(OH)$_2$@G/Ni复合一体化电极比电容的主要因素。Ni(OH)$_2$@G/Ni一体化电极不使用粘接剂,Ni(OH)$_2$在G/Ni复合材料腐蚀结构中原位生成,结合较为紧密,实现了较高的超级电容器性能。

10.1 氢氧化镍@石墨烯/镍一体化复合电极的制备

分别用五种碳源(CaCO$_3$、PVC、CPVC、PF和贝壳粉)利用自蔓延燃烧合成法制备出具有不同形貌和微观结构的少层石墨烯。而后通过SPS烧结将镍和石墨烯混合粉体烧制成块体材料,SPS烧结温度为600 ℃。将块体材料经线切割得到片状材料作为电极片,用砂纸将线切割后的电极片进行打磨和抛光,再使用直流稳压电源将切好的电极片进行多次电化学腐蚀和测试,腐蚀电压为2 V,腐蚀液为1 mol·L^{-1}的H$_2$SO$_4$,从而得到Ni(OH)$_2$@G/Ni一体化复合电极材料。

10.1.1　燃烧合成法制备石墨烯

（1）称取 Mg 粉与五种不同的碳源分别混合后放于反应舟内，将反应舟放入反应容器内，并将反应容器中充满 CO_2，打开直流电源引燃碳源和 Mg 粉混合反应物，具体配比如表 10-1 所示。装置示意图如图 10-1 所示。

（2）酸洗处理。对产物用 20% 的稀 HCl 进行酸洗，直至没有气泡产生。

（3）水洗和醇洗处理。用 2000 mL 去离子水多遍清洗，直到 pH＝7，而后进行一次乙醇洗处理。

（4）将洗涤后的产物放入真空烘箱中，在 100 ℃干燥 12 h，得到不同碳源的燃烧合成石墨烯粉体。

表 10-1　燃烧合成法制备石墨烯反应物配料表

样品名称	G_{CaCO_3}	G_{PVC}	G_{CPVC}	G_{PF}	G_{BK}
Mg 粉/g	15	15	15	15	12
碳源/g	25	78	78	67.5	25

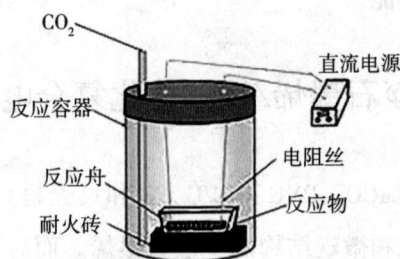

图 10-1　燃烧合成法制备石墨烯装置示意图

10.1.2　石墨烯/镍基复合材料粉体的制备

采用球磨法制备 G/Ni 复合材料粉体，取 0.075 g 不同碳源的燃烧合成石墨烯粉体与 12 g 镍粉在乙醇分散剂中进行球磨，球磨转速为 100 r·min^{-1}，球磨时间为 2 h。球磨是希望利用氧化锆小球的撞击和剪切,对石墨烯产生剥离作用,从而与镍粉均匀混合并且使镍粉分布于石墨烯片层中间。

10.1.3　石墨烯/镍基复合材料块体的制备

将 G/Ni 采用 SPS 进行烧制,烧结时所采用的模具直径为 20 mm,真空度为 0.1 Pa,模具压力为 40 MPa,升温速率为 100 ℃·min^{-1},烧结温度为 600 ℃,保压时间为 5 min。烧结得到的 G/Ni 块体材料直径尺寸为 20 mm,厚度为 5 mm。

10.1.4　氢氧化镍@石墨烯/镍复合电极材料的制备

将 G/Ni 复合材料块体采用线切割切成薄片,然后使用直流恒压电源在 1 mol·L^{-1} 的 H_2SO_4 溶液中进行多次电化学腐蚀,直流电源的电压为 2 V,单次腐蚀时间为 30 s。每腐蚀 30 s 后,将电极在 20 mV·s^{-1} 的扫速下进行 8 个循环的 CV 测试和 10 mA·cm^{-2} 的条件下进行 8 个循环的 GCD 测试,电压区间选择为 0~0.6 V。这个过程既是测试过程又是电极表面的镍向 Ni(OH)$_2$ 转化的过程。复合材料经腐蚀后,三维立体结构石墨烯暴露出来,形成以 G/Ni 作为集流体的 Ni(OH)$_2$@ G/Ni 一体化电极。进一步研究碳源种类和电化学腐蚀时间对 Ni(OH)$_2$@ G/Ni 一体化电极形貌、组织结构和电化学性能的影响,确定出最优碳源的 G/Ni 复合电极材料。由于本章涉及五种不同的碳源制备的石墨烯作为复合材料的基体和反应过程中不同阶段的电极,材料命名较多,因此石墨烯和 Ni(OH)$_2$@ G/Ni 复合材料的命名如表 10-2 所示。

表 10-2　石墨烯和 Ni(OH)$_2$@ G/Ni 复合材料命名

命名	碳酸钙	聚氯乙烯	超氯乙烯	酚醛树脂	贝壳粉
石墨烯粉体	G_{CaCO_3}	G_{PVC}	G_{CPVC}	G_{PF}	G_{BK}
石墨烯/镍粉体	G_{CaCO_3}/Ni-粉体	G_{PVC}/Ni-粉体	G_{CPVC}/Ni-粉体	G_{PF}/Ni-粉体	—
石墨烯/镍块体	G_{CaCO_3}/Ni	G_{PVC}/Ni	G_{CPVC}/Ni	G_{PF}/Ni	—

续表

命名	碳酸钙	聚氯乙烯	超氯乙烯	酚醛树脂	贝壳粉
石墨烯/镍未腐蚀	G_{CaCO_3}/Ni-0s	G_{PVC}/Ni-0s	G_{CPVC}/Ni-0s	G_{PF}/Ni-0s	—
石墨烯/镍复合材料腐蚀30s	G_{CaCO_3}/Ni-30s	G_{PVC}/Ni-30s	G_{CPVC}/Ni-30s	G_{PF}/Ni-30s	—
石墨烯/镍复合材料腐蚀600s（Ni(OH)$_2$@G/Ni)	G_{CaCO_3}/Ni-600s	G_{PVC}/Ni-600s	G_{CPVC}/Ni-600s	G_{PF}/Ni-600s	—

10.2 氢氧化镍@石墨烯/镍一体化复合电极的表征

10.2.1 燃烧合成石墨烯的形貌和结构表征

采用不同碳源与 Mg 粉在 CO_2 中进行燃烧合成反应制备的石墨烯的表面形貌如图 10-2 所示,采用不同碳源制备石墨烯都呈现褶皱的片层状,这种片层结构在更大尺度上组成三维空间立体结构。

如图 10-2(a)所示,PVC 作为碳源制备的石墨烯的表面可以看到大片石墨烯上呈现出鱼鳞状的波纹并且这种波纹褶皱的片层搭接成三维立体结构。三维结构由尺寸大约 300 nm 的连续石墨烯纳米片构成并且三维结构中有丰富的孔(大约 200 nm)。图 10-2(b)为 CPVC 作为碳源制备的石墨烯的表面形貌,其表面也呈现波纹状的褶皱结构,石墨烯的表面褶皱和片层尺寸与 PVC 作为碳源制备的石墨烯相比,表面褶皱程度降低,片层明显增厚,尺寸明显增大。以 PF 作为碳源制备的石墨烯的表面形貌如图 10-2(c)所示。以该碳源制备的石墨烯片层非常薄且片层尺寸很大,类似于蝉翼状。薄片状石墨烯边缘多且薄,连续的片层自身搭接成三维立体结构,且结构中富含孔洞。孔洞连续,孔洞尺寸为 200~500 nm。图 10-2(d)为 $CaCO_3$ 作为碳源制备的石墨烯的表面形貌,该方法制备的石墨烯呈现出珊瑚状同时具有褶皱的三维结构。$CaCO_3$ 作为碳源制备的石墨烯呈现一种大块石墨烯与石墨烯片层相结合的结构。与 PF 作为碳源制备的石墨烯相比,石墨烯片层厚度明显增厚,三维结构中连通孔的数量明显减少。在石墨烯的片层中夹杂着少量圆形颗粒,可能是包在石墨烯片层中难以洗净的 MgO 或 CaO 颗粒。以 BK 作为碳源制备的石墨烯的表面形貌如图 10-2(e)所示。虽然 BK 的主要成分也是 $CaCO_3$,但是采用 BK 作为碳源制备的石墨烯表面片层明显比采用 $CaCO_3$ 作为碳源制备的石墨烯表面褶皱要少。BK 作为碳源制备的石墨烯表面几乎没有褶皱,且孔洞结构也不明显。片层尺寸大约为 1 μm,片层厚度厚,很少能看到石墨烯薄的边缘,而且可以看到采用 BK 作为碳源制备的石墨烯的表面呈现多种形貌,这可能与 BK 中除了 95% 的 $CaCO_3$ 作为主要成分外,还有木质素等其他物质有关。以 $CaCO_3$ 作为碳源制备的石墨烯片中也有白色的小颗粒,但数量比 $CaCO_3$ 作为碳源制备的石墨烯要少。

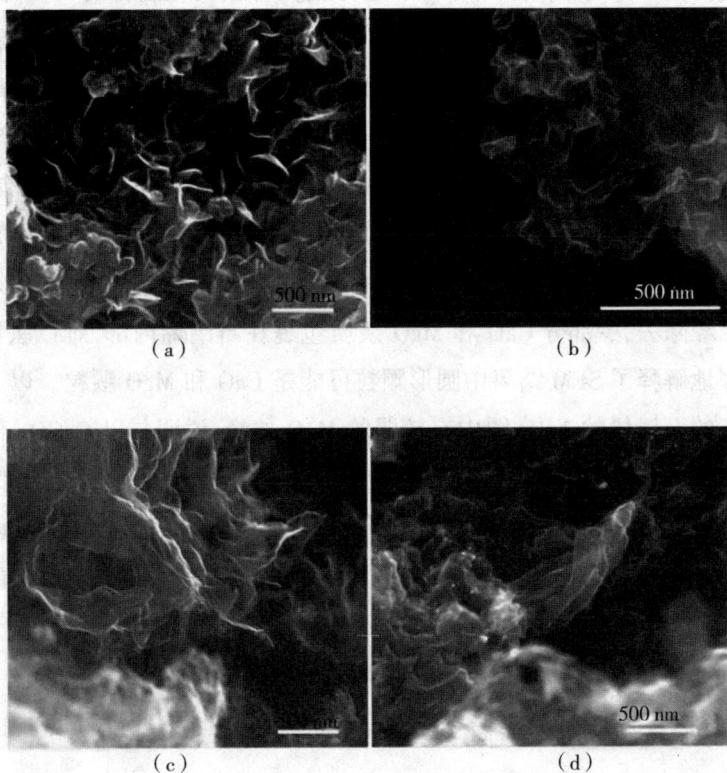

(a) (b) (c) (d)

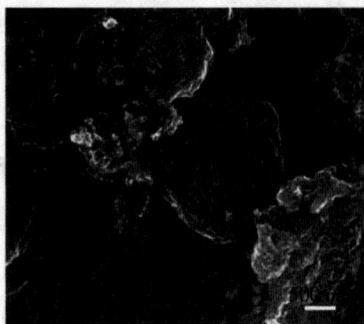

（e）

图 10-2　不同碳源燃烧合成制备石墨烯的 SEM 图

（a）PVC；（b）CPVC；（c）PF；（d）CaCO₃；（e）BK

采用不同碳源与 Mg 粉在 CO₂ 中进行燃烧合成反应制备的石墨烯的 XRD
谱图如图 10-3 所示。五种不同碳源制备的石墨烯在 26.5°处的特征峰对应着
石墨烯的（002）晶面。用 CaCO₃ 和 BK 作为碳源制备石墨烯的（002）峰的 XRD
图显示产物产生了少量石墨化，而用 PF 作为碳源制备的石墨烯没有产生石墨
化，说明用 PF 作为碳源制备的石墨烯层数更少。而且用 PF 作为碳源制备的石
墨烯峰位向左偏移，说明制备出的石墨烯晶面间距更大。以 CaCO₃ 和 BK 作为
碳源制备的合成石墨烯的 XRD 图中有 CaO 和 MgO 的峰，说明合成产物中大部
分杂质已经除去，少部分 CaO 和 MgO 杂质包裹在石墨烯内部，难以去除，这一
结果很好地解释了 SEM 结果中圆形颗粒可能是 CaO 和 MgO 颗粒。以 PF 作为
碳源制备的石墨烯的 XRD 图中有较弱的 MgO 的峰，说明与以 CaCO₃ 和 BK 作
为碳源制备的合成石墨烯相比，用此碳源制备的石墨烯只有很少一部分 MgO
颗粒没有被去除。残存的 MgO 颗粒没有被去除的原因可能是在自蔓延燃烧的
过程中，Mg 粉与含氧碳源中的氧发生反应生成 MgO，残存的 MgO 颗粒作为形
核点，石墨烯包裹着 MgO 颗粒生长，后续很难被盐酸完全洗掉。由于 PF 和
CaCO₃ 中含有大量的氧原子，因此产物中有难以洗净的氧化物残留。PVC 和
CPVC 为含氯树脂，含氯树脂与 Mg 粉完全反应并且产物中不含 MgO，因此较容
易除去。

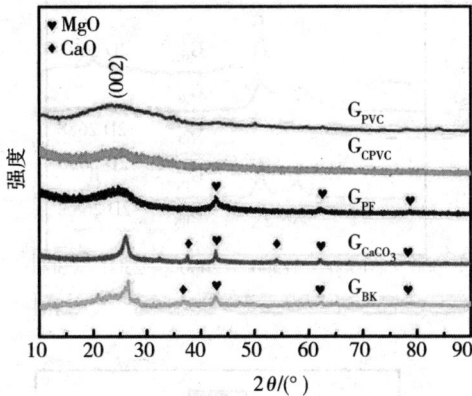

图 10-3　不同碳源燃烧合成合成石墨烯的 XRD 谱图

图 10-4 为不同石墨烯的 Raman 光谱和 I_D/I_G 以及 I_{2D}/I_G 峰强比值图。从图 10-4(a)中可以看出,采用五种碳源制备的石墨烯除 PF 之外,均具有三个特征峰,分别是位于 1350 cm^{-1} 附近的 D 峰、1580 cm^{-1} 附近的 G 峰和 2690 cm^{-1} 附近的 2D 峰。在 Raman 光谱中,D 峰表示材料的缺陷程度;G 峰表示 sp^2 结构的多少,也能说明石墨或石墨烯的结晶性;2D 峰表示双声子的非弹性散射强弱。D 峰与 G 峰的峰强比表示石墨烯缺陷的程度,I_D/I_G 值与石墨烯缺陷和边缘数量正相关,与石墨烯的有序度负相关。如图 10-4(b)所示,以 PVC、CPVC、PF、CaCO$_3$ 和 BK 为碳源制备的石墨烯的 I_D/I_G 值分别为 0.67、0.84、0.94、0.50 和 0.56。这表明,以 CPVC、PF 为碳源制备的石墨烯缺陷较多、边缘较丰富,采用 BK 和 CaCO$_3$ 为碳源制备的石墨烯缺陷密度较低、边缘较少。2D 峰与 G 峰的峰强比也能够表示石墨烯的缺陷程度,I_{2D}/I_G 值越大,缺陷越多。以 PVC、CPVC、CaCO$_3$ 和 BK 为碳源制备的石墨烯的 I_{2D}/I_G 值分别为 0.27、0.15、0.80 和 0.58。以 PF 为碳源制备的石墨烯 2D 峰不存在,说明以 PF 为碳源制备的石墨烯缺陷最多。这个结果表明以 PF 为碳源制备的石墨烯类似于氧化还原的石墨烯,有较多的缺陷,同时这些缺陷可以作为电化学活性位点参与电化学反应。

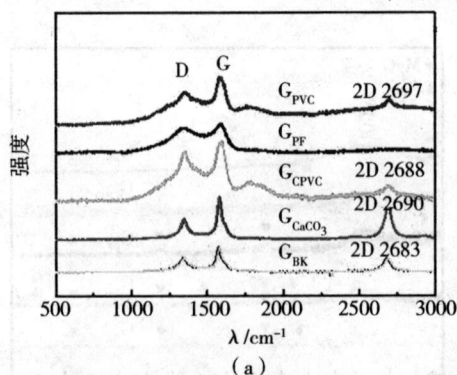

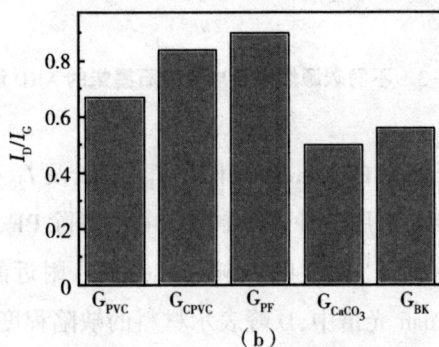

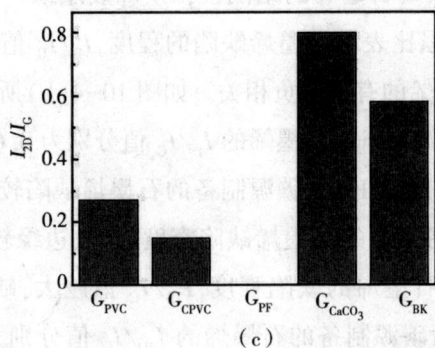

图 10-4　不同碳源制备的石墨烯(a)Raman 谱和(b)I_D/I_G 以及(c)I_{2D}/I_G 比值图

为了进一步表征不同碳源制备的石墨烯的微观结构,笔者对不同碳源制备的石墨烯产物进行了 N_2 吸附-脱附测试,得到的 N_2 吸附-脱附等温曲线和孔径分布图如图 10-5 所示。如图 10-5(a)、(c)、(e)、(g)和(j)所示,根据 BET 法可以计算出不同碳源制备的石墨烯的比表面积。根据 BJH 计算方法,可以计算不同碳源制备出的石墨烯的孔径分布,孔径分布如图 10-5(b)、(d)、(f)、(h)

和(k)所示。以 PVC 为碳源制备的石墨烯比表面积为 16.25 $m^2 \cdot g^{-1}$,孔径分布为 2~180 nm,总孔容为 0.14 $cm^3 \cdot g^{-1}$,平均孔径为 33.72 nm;以 CPVC 为碳源制备的石墨烯比表面积为 7.71 $m^2 \cdot g^{-1}$,孔径分布为 2~150 nm,总孔容为 0.055 $cm^3 \cdot g^{-1}$,平均孔径为 28.41 nm;以 PF 为碳源制备的石墨烯比表面积为 106.35 $m^2 \cdot g^{-1}$,孔径分布为 2~120 nm,总孔容为 1.40 $cm^3 \cdot g^{-1}$,平均孔径为 23.69 nm;以 BK 为碳源制备的石墨烯比表面积为 237.16 $m^2 \cdot g^{-1}$,孔径分布为 2~50 nm,总孔容为 0.3211 $cm^3 \cdot g^{-1}$,平均孔径为 12.08 nm;以 CaCO$_3$ 为碳源制备的石墨烯比表面积为 308.81 $m^2 \cdot g^{-1}$,孔径分布为 2~50 nm,总孔容为 0.98 $cm^3 \cdot g^{-1}$,平均孔径为 12.70 nm。

从以上结果可以看出以 PF 为碳源制备的石墨烯具有最大的孔容,孔径连续分布,大孔较多,后续制备 G/Ni 复合材料时,镍粉体容易进入孔径内部,利于形成石墨烯包裹镍颗粒的结构,连续的石墨烯利于发挥其导电性。以 CaCO$_3$ 为碳源制备的石墨烯虽然具有最大的比表面积,但是总孔容量少,低于以 PF 为碳源制备的石墨烯,主要由于以 CaCO$_3$ 为碳源制备的石墨烯中 2~50 nm 的孔较多,不利于后期镍粉进入孔径内部形成均匀的复合材料。分别以 BK 和以 CaCO$_3$ 为碳源制备的两种石墨烯相比,二者具有相似的孔径分布和 N$_2$ 吸附–脱附等温曲线线型,这主要是由于 BK 中 95%以上的成分是碳酸钙,因此二者具有相似的孔径分布。由于 BK 的主要成分是 CaCO$_3$,二者在 SEM、XRD、Raman 和 BET 的表征中,G$_{CaCO_3}$ 有更多的表面褶皱和三维立体结构,利于与镍粉结合,同时具有更少的缺陷、更大的比表面积。因此,在后面的研究中将对 G$_{CaCO_3}$ 与 Ni 制备的复合材料展开研究,而不再对 G$_{BK}$ 展开进一步研究。

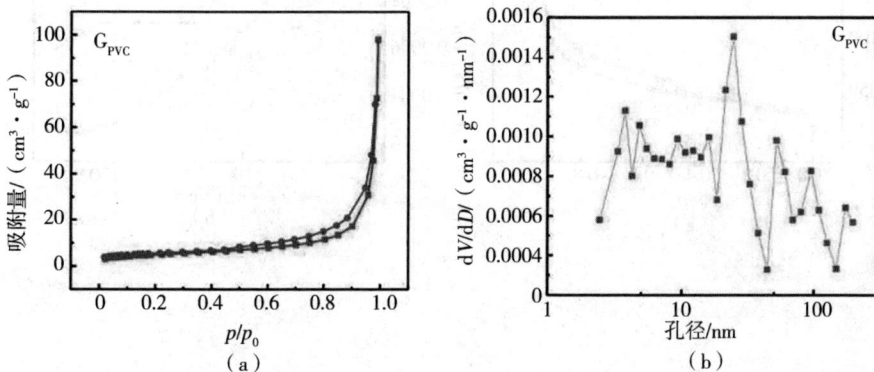

（a）　　　　　　　　（b）

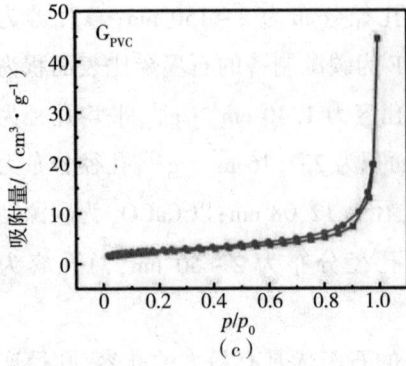

（c）

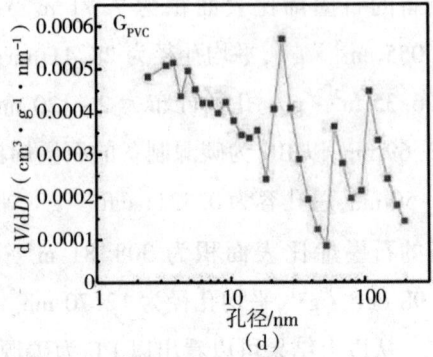

（d）

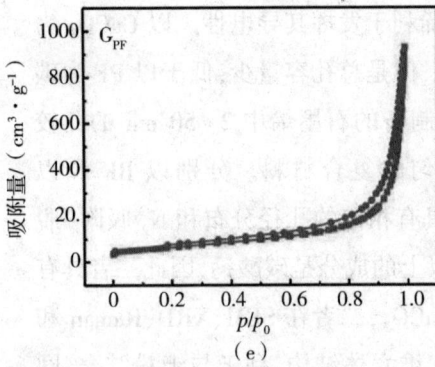

（e）

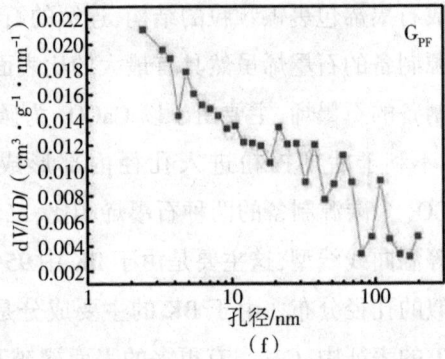

（f）

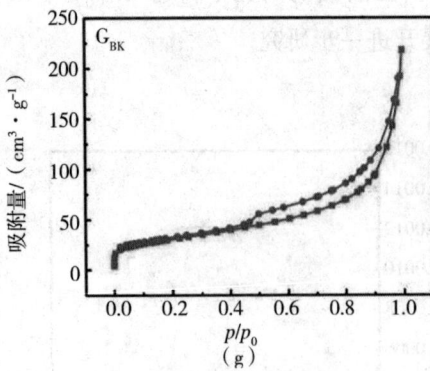

（g）

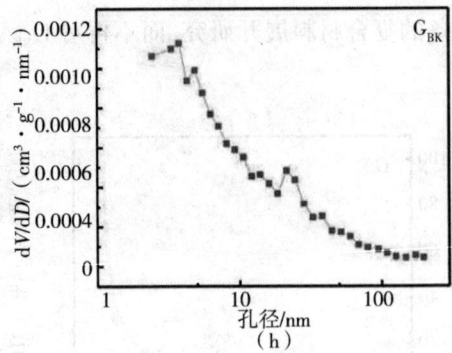

（h）

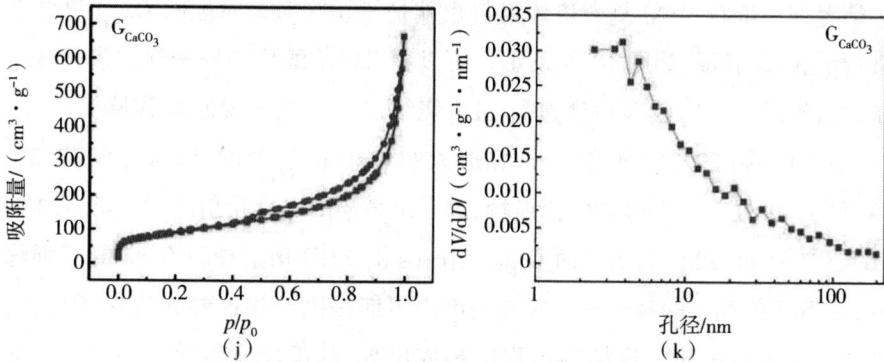

图 10-5　不同碳源制备的石墨烯的 N_2 吸附-脱附等温线和孔径分布图

(a)、(b)PVC；(c)、(d)CPVC；(e)、(f)PF；(g)、(h)BK；(j)、(k)CaCO_3

10.2.2　氢氧化镍@石墨烯/镍一体化复合电极材料的形貌和结构表征

燃烧合成 $Ni(OH)_2$@G/Ni 一体化复合电极材料的具体制备流程如图 10-6 所示。烧结后的 G/Ni 复合材料块体的直径为 2.0 cm，厚度为 5 mm。而后将 G/Ni 复合材料块体切割成长方体薄片，将切好的电极片用 400 目、800 目和 1200 目砂纸进行打磨抛光，制成未腐蚀的电极片待用。最后将未腐蚀的电极片作为阳极，铂片作为阴极组成两电极体系，将该体系的两端加 2 V 的直流恒定电压，在 1 mol·L^{-1} 的 H_2SO_4 中进行电化学腐蚀，每次腐蚀时间 30 s，腐蚀多次。G/Ni 复合材料经腐蚀后，三维片层结构石墨烯暴露出来，形成以 Ni 或 Ni 的氧化物作为基体的 $Ni(OH)_2$@G/Ni 一体化复合电极。

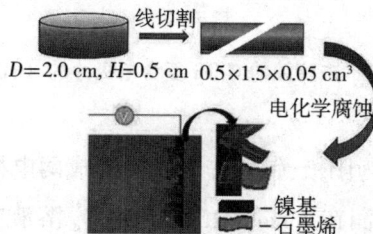

图 10-6　燃烧合成 $Ni(OH)_2$@G/Ni 一体化复合电极材料的制备流程

笔者进一步对 G/Ni 复合块体材料也就是线切割后未腐蚀的 G/Ni 复合电极进行了 XRD 表征,如图 10-7 所示。可以看出以乙醇作为保护气体进行球磨制备的石墨烯和镍的复合粉体进行 SPS 烧结之后的复合材料块体除了 Ni 的(111)、(220)和(222)三强峰之外,在放大的 XRD 图谱中可以看到,在 37.3°、43.3°和 62.9°处有三个微弱的衍射峰,这三个微弱的 NiO 衍射峰对应着 NiO 的(110)、(200)和(220)晶面。而 G_{CaCO_3}/Ni-0s 的 XRD 衍射峰只有 Ni 的三强峰存在,并不存在 NiO 的峰。NiO 形成的原因可能是因为用乙醇作为保护液体,残留的乙醇液体在 SPS 烧结的过程中释放出氧,与镍反应生成氧化镍。虽然 SPS 烧结的过程中石墨烯和镍二者均属于热力学非平衡状态,镍和碳之间存在化学位差,使镍和碳容易形成固溶体,但是在复合材料块体的 XRD 中都未发现石墨烯和镍碳化合物的峰,说明在 SPS 烧结的过程中并没有发生界面反应和固溶现象。没有石墨烯峰的原因可能是石墨烯层数较少或是石墨烯与镍的含量相比非常少,其衍射峰被镍和氧化镍的峰掩盖掉了。

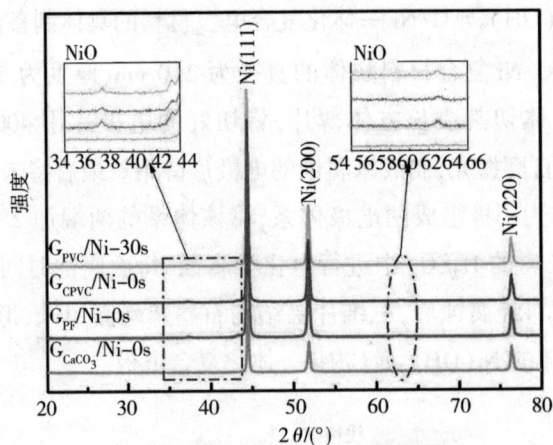

图 10-7　未腐蚀的 G/Ni 复合电极片的 XRD 谱

G/Ni 复合电极片作为阳极,铂片作为阴极组成两电极体系,将该体系的两端加 2 V 的恒定电压,浸润在 1 mol·L^{-1} 的 H$_2$SO$_4$ 溶液中进行电化学腐蚀,腐蚀 30 s 后 Ni(OH)$_2$@G/Ni 一体化电极片的 XRD 谱如图 10-8 所示。从图 10-8(a)中可以看出 G_{CaCO_3}/Ni-0s 和 G_{CaCO_3}/Ni-30s 均只含有 Ni 的(111)、(220)和

(222)晶面的衍射峰,电化学腐蚀 30 s 之后 XRD 衍射峰基本没有变化。图 10-8(b)~(d)显示电化学腐蚀 30 s 后的 G_{PVC}/Ni、G_{PF}/Ni 和 G_{CPVC}/Ni 不但含有 Ni 的(111)、(220)和(222)晶面的衍射峰还含有 NiO 的(110)、(200)和(220)的衍射峰,这个结果与电化学腐蚀前的结果相吻合。但是经过电化学腐蚀 30 s 后的 G_{PVC}/Ni-30s、G_{PF}/Ni-30s 和 G_{CPVC}/Ni-30s 与未经过电化学腐蚀的复合电极片对比位于 37.3°、43.3°和 62.9°三个微弱的衍射峰峰强明显增强,其中 G_{PF}/Ni-30s 增强的程度最大。电化学腐蚀后 NiO 的 XRD 衍射峰增强的原因可能是在电化学腐蚀的过程中,表面的镍在电化学腐蚀的过程中被腐蚀掉,氧化镍被暴露出来。

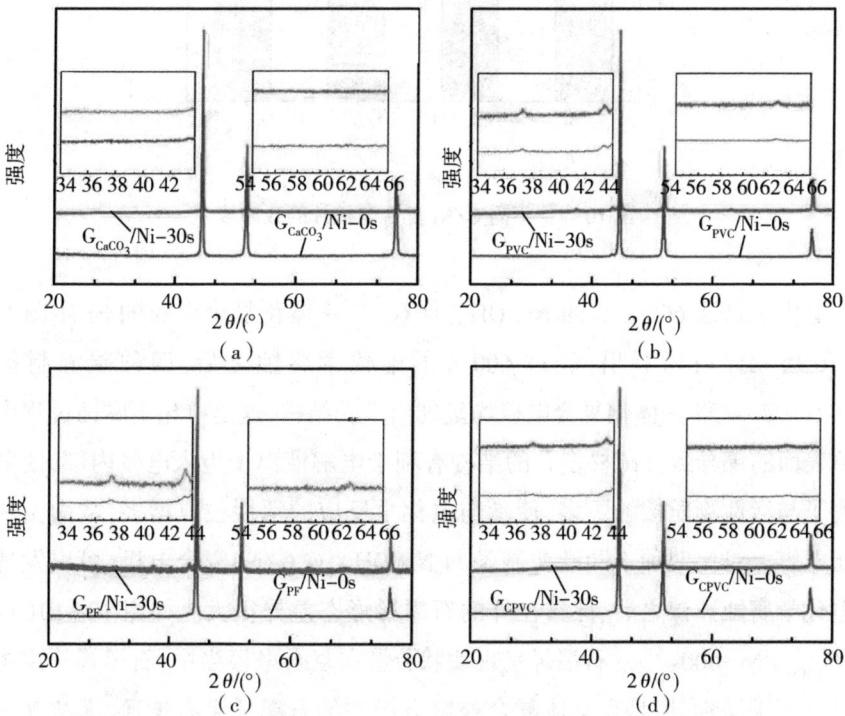

图 10-8 电化学腐蚀 30 s 后 Ni(OH)$_2$@G/Ni 一体化电极的 XRD 谱

(a) G_{CaCO_3}/Ni;(b) G_{PVC}/Ni;(c) G_{PF}/Ni;(d) G_{PVC}/Ni

笔者对 G/Ni 复合块体材料进行致密度分析,如图 10-9 所示。可以看出 G_{PVC}/Ni、G_{CPVC}/Ni、G_{PF}/Ni 和 G_{CaCO_3}/Ni 的致密度分别为 90.7%、95.6%、86.5%

和 94.3%。对于电极材料来说,疏松的致密度代表着有更多的孔洞,多孔疏松的结构有利于腐蚀液和电解质离子进入电极内部。因此具有最低的致密度的 G_{PF}/Ni,有望获得最优异的电化学性能。

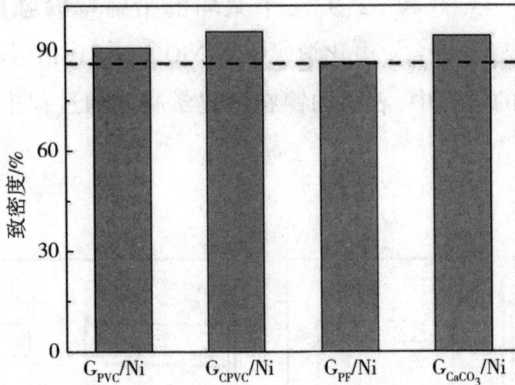

图 10-9　不同 G/Ni 复合电极片的致密度

电化学腐蚀 600 s 后的 $Ni(OH)_2$@ G/Ni 一体化复合电极的 SEM 图如图 10-10 所示。可以看出,经过 600 s 的电化学腐蚀之后,四种碳源制备的 $Ni(OH)_2$@ G/Ni 一体化复合电极均呈现出多孔结构,这是电化学腐蚀过程中腐蚀掉表面的镍导致。疏松多孔的结构有利于电解液离子进入电极内部,使电解液离子与活性物质接触更多,使参与电化学反应的活性位点增多,从而实现高的比电容。对比四种不同碳源制备的 $Ni(OH)_2$@ G/Ni 复合电极,可以发现经过电化学腐蚀掉镍之后、裸露在外的石墨烯形态差异很大。如图 10-10(a) 所示,G_{CaCO_3}/Ni-600s 中的石墨烯呈现块状分散在复合电极当中,石墨烯片层本身虽具有三维结构,但是在整体复合材料电极中的石墨烯没有连通,无法充分发挥石墨烯本身的良好导电性。如图 10-10(b) 所示,G_{PVC}/Ni-600s 当中的石墨烯片层很大,石墨烯本身具有良好的三维立体结构,但是石墨烯还是存在聚集的问题,使结构优异的石墨烯片层不能充分利用。如图 10-10(c) 所示,G_{PF}/Ni-600s 石墨烯片层尺寸与 G_{CaCO_3}/Ni-600s 中的石墨烯尺寸相仿,但是可以看到石墨烯与镍粉结合得很好,大多数石墨烯片层较均匀地分散在镍球中间,使石墨烯能够将整个电极的大部分区域连通起来,有利于石墨烯高导电性的实现。如图 10-10(d)所示,G_{CPVC}/Ni-600s 中的石墨烯呈现大片状,石墨烯的片层尺寸最大(10 μm),由于石墨烯的片层尺寸已经达到微米级,缺乏褶皱的石墨烯片层很难包裹住粒径为 400 nm 的镍粉体,无法实现二者很好的结合,因此大的薄片状石墨烯很难实现高的导电性,复合电极也很难实现高比电容。

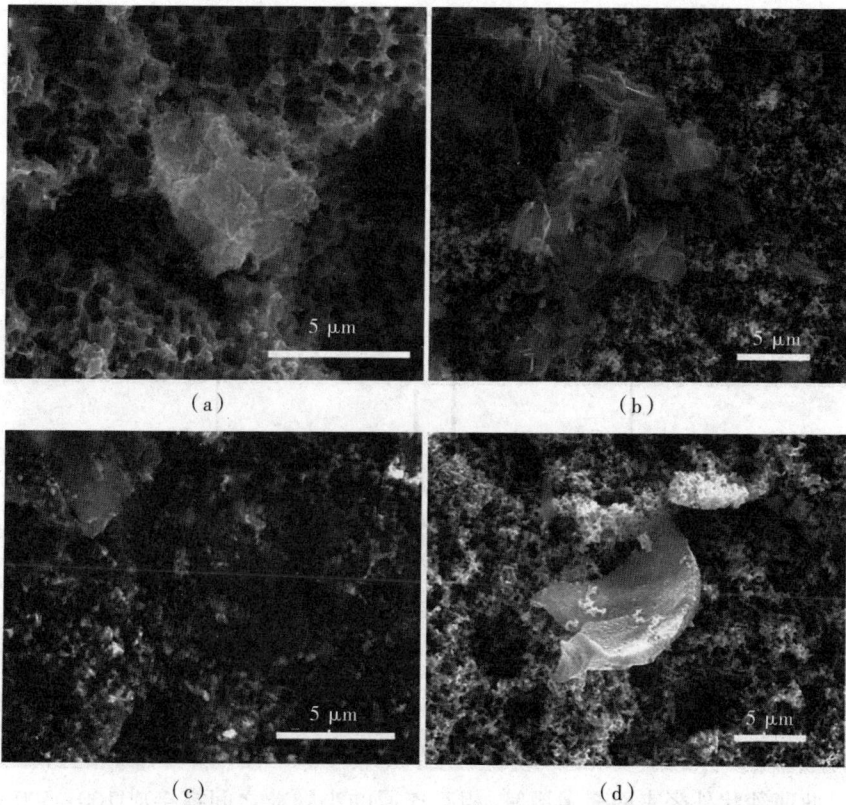

图 10-10　腐蚀 600 s 后的 Ni(OH)$_2$@G/Ni 一体化复合电极的 SEM 图
(a)G_{CaCO_3}/Ni-600s; (b)G_{PVC}/Ni-600s; (c)G_{PF}/Ni-600s; (d)G_{CPVC}/Ni-600s

综合孔径、孔的连通程度和石墨烯的表面状态,G_{PF}/Ni-600s 和 G_{PVC}/Ni-600s 的孔径尺寸利于电解质离子进出以及与镍颗粒结合较好且能够提供连通的骨架结构,利于电子输运提高导电性。高效的电解质离子输运速度和高导电性是实现高比电容、倍率特性和多循环性能的重要因素。

笔者进一步对腐蚀 600 s 后电化学性能最好的 PF 燃烧合成 Ni(OH)$_2$@G/

Ni 一体化复合电极材料电化学测试后的形貌和结构进行表征。G_{PF}/Ni-600s 电化学测试后的 XRD 谱如图 10-11 所示。可以看出 G_{PF}/Ni-600s 电化学测试后主要含有 Ni 的（111）、（220）和（222）晶面的衍射峰。同时位于 37.3°、43.3° 和 62.9°处的衍射峰对应于 NiO 的（110）、（200）和（220）晶面。位于 30.3°、32.2°和 35.36°处的衍射峰对应 α-Ni(OH)$_2$ 的（010）、（101）和（112）晶面。这种原位合成 α-Ni(OH)$_2$ 由于只在与电解液接触的复合电极表面生成，因此数量较少，峰强较弱。α-Ni(OH)$_2$ 的出现是由于在电化学腐蚀和电化学测试的过程中，表面的 Ni 和 NiO 进行电化学氧化变成的 Ni(OH)$_2$ 的结果。说明 G/Ni 复合电极片经过电化学腐蚀和测试后原位生成了 α-Ni(OH)$_2$。

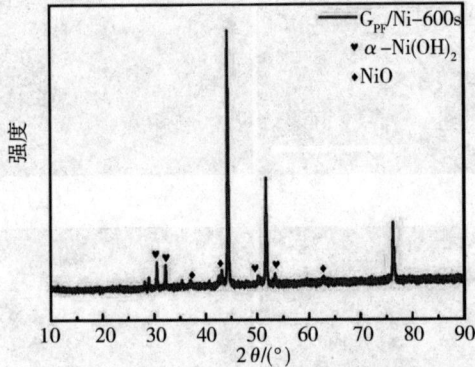

图 10-11　G_{PF}/Ni-600s 电化学测试后的 XRD 谱图

　　G_{PF}/Ni-600s 电化学测试后的 SEM 图如图 10-12 所示。从图中可以看出，粒径大约 400 nm 相互连通的小颗粒的外层包裹着厚度大约 50 nm 的薄纱状外壳。此薄纱状外壳表面充满褶皱，相互连通的小颗粒之间搭接成 100~500 nm 的多级孔。这种具有多级孔结构的三维立体结构有利于电化学反应过程中电解质离子的通过，促进电化学反应的进行，也利于 Ni 或 NiO 与电解液反应生成 Ni(OH)$_2$。从小颗粒的尺寸可以推测是粒径为 200 nm 的 Ni 颗粒，外面包裹着的薄纱状物质应该是电化学反应过程中 Ni 或 NiO 与电解液反应生成的 Ni(OH)$_2$。

图 10-12　G_{PF}/Ni-600s 电化学测试后的 SEM 图

　　G_{PF}/Ni-600s 电化学腐蚀和测试后的 TEM 和 HRTEM 图,如图 10-13 所示。从图 10-13(a)中可以看出图中大多数颗粒是由长度为 40 nm 和宽度为 20 nm 左右的纳米片堆叠成的纳米颗粒。从图 10-13(b)的 HRTEM 图中可以看出,纳米片组成的纳米颗粒的晶格条纹的间距为 0.239 nm 和 0.251 nm,对应着 α-Ni(OH)$_2$ 的(212)和(301)晶面。图中还存在晶面间距为 0.204 nm 的晶格条纹,对应着 Ni 的(111)晶面。说明 G_{PF}/Ni-600s 经过电化学腐蚀和电化学测试后的电极材料中同时存在 Ni 和 α-Ni(OH)$_2$。

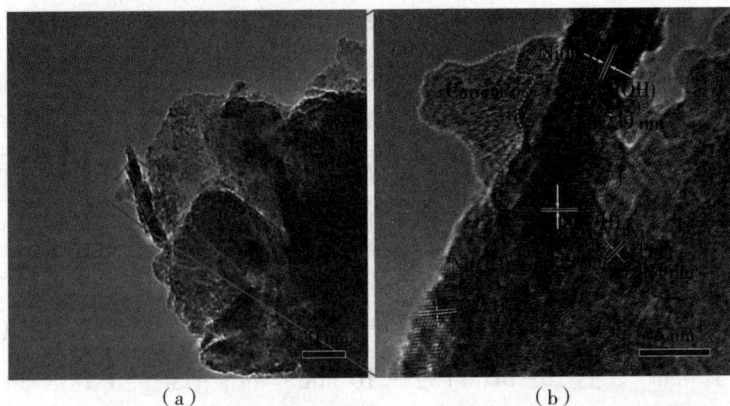

(a)　　　　　　　　(b)

图 10-13　G_{PF}/Ni-600s 电化学测试后的(a)TEM 和(b)HRTEM 图

10.3　氢氧化镍@石墨烯/镍一体化复合电极的电化学性能

10.3.1　腐蚀时间对氢氧化镍@石墨烯/镍一体化电极电化学性能的影响

为了研究 Ni(OH)$_2$@ G/Ni 一体化电极的电化学性能,笔者对不同腐蚀时间的不同碳源制备的 Ni(OH)$_2$@ G/Ni 一体化电极进行了电化学测试。

将电化学腐蚀 30 s 的复合电极作为未经过电化学测试前 Ni(OH)$_2$@ G/Ni 一体化电极的初始状态。图 10-14 为腐蚀 30 s 的 Ni(OH)$_2$@ G/Ni 一体化电极的电化学测试结果。图 10-14(a)为腐蚀 30 s 的 Ni(OH)$_2$@ G/Ni 在 20 mV·s^{-1} 的扫描速率下的 CV 测试结果。从图中可以看到不同碳源制备的腐蚀 30 s 的 Ni(OH)$_2$@ G/Ni 的 CV 曲线均显示出一对氧化还原峰,氧化还原峰强较强且峰位较对称。在 0.5~0.6 V 的高电压区间,曲线出现了极化,这可能与 Ni 或 NiO 在高电压下容易产生极化有关。可以看到 G$_{PF}$/Ni-30s 的 CV 曲线的面积略大,其他三种碳源制备的腐蚀 30 s 的 Ni(OH)$_2$@ G/Ni 的面积相差不大。其他三种碳源制备的腐蚀 30 s 的 Ni(OH)$_2$@ G/Ni 的氧化还原峰位位置也相差不大,氧化峰位于 0.35~0.45 V,还原峰位于 0.2~0.3 V。图 10-14(b)为不同电流密度下腐蚀 30 s 的 Ni(OH)$_2$@ G/Ni 的 GCD 曲线。从图中可以看到四种碳源制备的腐蚀 30 s 的 Ni(OH)$_2$@ G/Ni 拥有氧化还原平台,呈现赝电容特征。图 10-14(c)为在不同扫速下腐蚀 30 s 的 Ni(OH)$_2$@ G/Ni 的比电容值。在 20 mV·s^{-1} 的测试条件下, G$_{CaCO_3}$/Ni-30s、G$_{PVC}$/Ni-30s、G$_{PF}$/Ni-30s 和 G$_{CPVC}$/Ni-30s 的比电容分别为 0.060 F·cm^{-2}、0.077 F·cm^{-2}、0.093 F·cm^{-2} 和 0.063 F·cm^{-2}。图 10-14(d)为在 10 mA·cm^{-2} 的条件下腐蚀 30 s 的 Ni(OH)$_2$@ G/Ni 的比电容值。 G$_{CaCO_3}$/Ni-30s、G$_{PVC}$/Ni-30s、G$_{PF}$/Ni-30s 和 G$_{CPVC}$/Ni-30s 的比电容分别为 0.036 F·cm^{-2}、0.058 F·cm^{-2}、0.068 F·cm^{-2} 和 0.037 F·cm^{-2}。综合前面 XRD 的分析结果推测,腐蚀 30 s 的 Ni(OH)$_2$@ G/Ni

的比电容主要来源于基体中镶嵌的石墨烯和材料中本身的 NiO,此时的电极片未经过电化学测试的电化学氧化过程,此时的结果可以看作是 Ni(OH)$_2$@ G/Ni 中集流体的电化学性能。

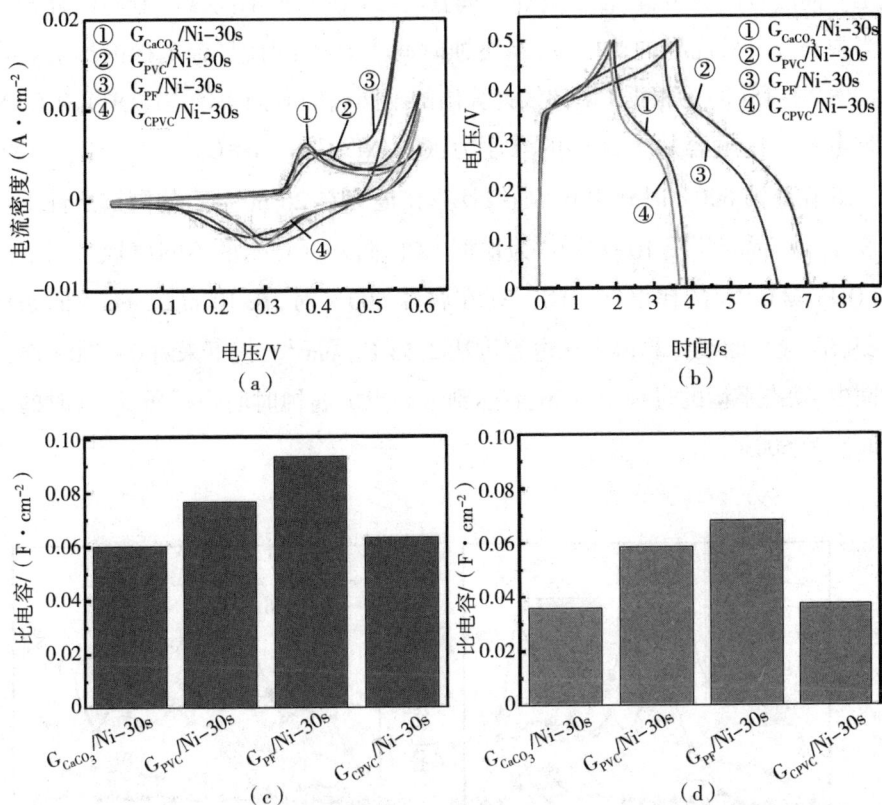

图 10-14　腐蚀 30 s 的 G/Ni 一体化电极电化学测试结果

(a) CV 曲线;(b) GCD 曲线;(c) CV 曲线得到的比电容;(d) GCD 曲线计算的比电容

笔者将 Ni(OH)$_2$@ G/Ni 每腐蚀 30 s 进行一次 CV 和 GCD 测试,而后用去离子水多次清洗表面,烘干后进行下一次腐蚀,测试了不同腐蚀时间下 Ni(OH)$_2$@ G/Ni 的 CV 测试和 GCD 曲线,计算出用 CV 和 GCD 两种测试方法在不同腐蚀时间下的比电容值,如图 10-15 所示。随着腐蚀时间的延长,电极材料的比电容逐渐增大,可能是在腐蚀的过程中电化学腐蚀将表面的 Ni 腐蚀掉不断造孔,也使石墨烯不断暴露出来,使复合电极的比表面积增大同时增大比电容；在电化学测试的过程中，Ni 和电解液中的 OH^- 不断反应，是一个 $Ni(OH)_2$ 不断积累的过程，也导致比电容不断增大。腐蚀一定时间后，比电容趋于稳定，推测是由于此时腐蚀过程中表面的石墨烯片层的脱落与暴露达到动态平衡，表面的 Ni 和 $Ni(OH)_2$ 的生成和溶解达到了动态平衡，因此比电容趋于稳定。同时可以看出，在各个腐蚀时间，G_{PF}/Ni 在四种不同碳源制备的复合材料当中表现出最优异的比电容，当腐蚀时间为 600 s 时，复合电极的比电容最高。图 10-15(a) 为根据 CV 曲线计算出的不同腐蚀时间下的 $Ni(OH)_2@G/Ni$ 的比电容。比电容从大到小的顺序为：$G_{PF}/Ni>G_{PVC}/Ni>G_{CPVC}/Ni>G_{CaCO_3}/Ni$。$G_{PF}/Ni$ 在腐蚀 600 s 时利用 CV 曲线计算比电容在 $20\ m\cdot s^{-1}$ 的测试条件下可达 $3.04\ F\cdot cm^{-2}$。图 10-15(b) 为根据 GCD 曲线计算出的不同腐蚀时间下的 $Ni(OH)_2@G/Ni$ 的比电容。G_{PF}/Ni 在腐蚀 600 s 时，在 $10\ mA\cdot cm^{-2}$ 的条件下，利用 GCD 曲线计算得出比电容可达 $2.53\ F\cdot cm^{-2}$。接下来对 0~700 s 腐蚀时间中，动态平衡的过程中，比电容达到最高点的腐蚀时间进行研究，此时的腐蚀时间为 600 s。

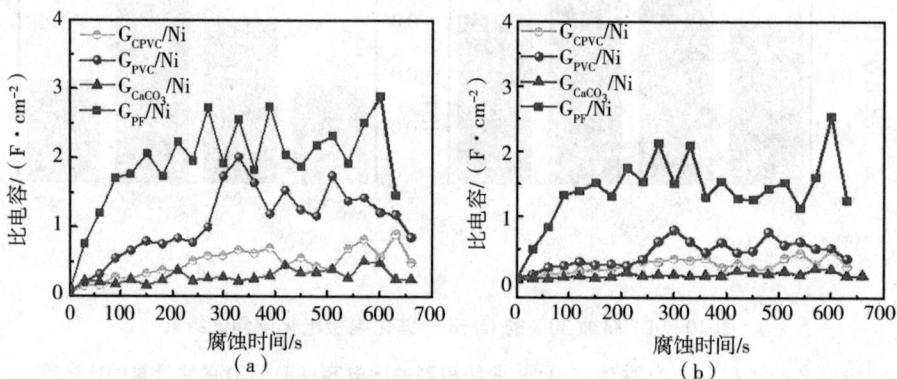

图 10-15　不同碳源制备的 $Ni(OH)_2@G/Ni$ 在不同腐蚀时间下的比电容值

(a)CV 曲线计算的比电容；(b)GCD 曲线计算的比电容

10.3.2　氢氧化镍@石墨烯/镍一体化复合电极材料的电化学性能

下一步对比电容趋于稳定后的最优腐蚀时间（600 s）下的四种不同碳源的 $Ni(OH)_2$@ G/Ni 的电化学性能进行表征，图 10-16（a）为腐蚀了 600 s 的 $Ni(OH)_2$@ G/Ni 在 20 mV·s^{-1} 的条件下的 CV 测试结果。从图中可以看到不同碳源制备的 $Ni(OH)_2$@ G/Ni 的 CV 曲线均显示出一对氧化还原峰，氧化还原峰强度较强且峰位较对称。G_{PF}/Ni-600s 的 CV 曲线的面积最大，G_{PVC}/Ni-600s 的 CV 曲线的面积大小居中，G_{CPVC}/Ni-600s 和 G_{CaCO_3}/Ni-600s CV 曲线的面积差异不大且面积较小。在 0.5~0.6 V 的高电压区间，$Ni(OH)_2$@ G/Ni 的极化现象消失，说明 $Ni(OH)_2$@ G/Ni 的导电性增强。腐蚀 600 s 的四种碳源制备的 $Ni(OH)_2$@ G/Ni 的氧化还原峰位与未腐蚀的 $Ni(OH)_2$@ G/Ni 的氧化还原峰位也相差很大，这很可能是在电化学测试的过程中 Ni 和 NiO 转变成 $Ni(OH)_2$ 导致。图 10-16（b）为不同电流密度下腐蚀 600 s 的 $Ni(OH)_2$@ G/Ni 的 GCD 曲线。从图中可以看到四种碳源制备的 $Ni(OH)_2$@ G/Ni 均有明显的氧化还原平台而且充放电曲线对称性较好，表现出赝电容特性。图 10-16（c）为在不同扫描速率下腐蚀 600 s 的 $Ni(OH)_2$@ G/Ni 的比电容值。在 20 mV·s^{-1} 的条件下，G_{CaCO_3}/Ni-600s、G_{PVC}/Ni-600s、G_{PF}/Ni-600s 和 G_{CPVC}/Ni-600s 的比电容分别为 0.48 F·cm^{-2}、1.20 F·cm^{-2}、3.04 F·cm^{-2} 和 0.57 F·cm^{-2}。图 10-16（d）为在 10 mA·cm^{-2} 的条件下腐蚀 600 s 的 $Ni(OH)_2$@ G/Ni 的比电容值。G_{CaCO_3}/Ni-600s、G_{PVC}/Ni-600s、G_{PF}/Ni-600s 和 G_{CPVC}/Ni-600s 的比电容分别为 0.24 F·cm^{-2}、0.65 F·cm^{-2}、2.53 F·cm^{-2} 和 0.28 F·cm^{-2}。从上述结果可知，G_{PF}/Ni-600 s 在不同碳源制备的 $Ni(OH)_2$@ G/Ni 并腐蚀 600s 后的复合材料中表现出最大的比电容和最优异的电化学性能。

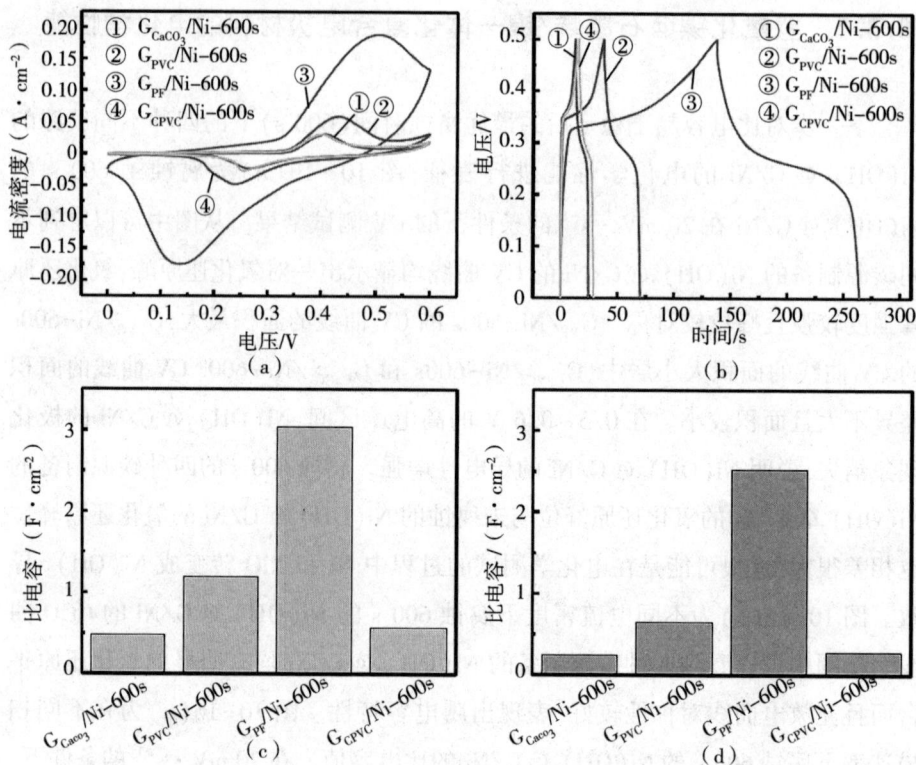

图 10-16　腐蚀 600 s 的 Ni(OH)$_2$@G/Ni 的电化学测试结果
(a)CV 曲线;(b)GCD 曲线;(c)CV 曲线计算的比电容;(d)GCD 曲线计算的比电容

对 G$_{PF}$/Ni-600s 复合电极进行了电化学测试,如图 10-17 所示。G$_{PF}$/Ni-600s 的 CV 曲线如图 10-17(a)所示。测试扫速为 2~50 mV·s^{-1},测试的电压区间为 0~0.6 V。G$_{PF}$/Ni-600s 拥有氧化还原峰,显示了赝电容特性。图 10-17(b)为 5~30 mA·cm^{-2} 时的 G$_{PF}$/Ni-600s 的 GCD 曲线。G$_{PF}$/Ni-600s 的 GCD 曲线具有明显的充放电平台,表现出赝电容特性。如图 10-17(c)所示,在 2~50 mV·s^{-1} 的条件下,G$_{PF}$/Ni-600s 的比电容为 3.04 F·cm^{-2}、2.39 F·cm^{-2}、2.30 F·cm^{-2}、1.44 F·cm^{-2} 和 0.95 F·cm^{-2}。在测试电压为 0~0.6 V 的条件下,换算成比容量为 1.83 C·cm^{-2}、1.43 C·cm^{-2}、1.38 C·cm^{-2}、0.86 C·cm^{-2} 和 0.57 C·cm^{-2}。如图 10-17(d)所示,在 5~30 mA·cm^{-2} 的条件下,G$_{PF}$/Ni-600s 的比电容为 2.99 F·cm^{-2}、2.56 F·cm^{-2}、

1.94 F·cm^{-2} 和 1.38 F·cm^{-2}。0~0.5 V 的条件下,换算为比容量为 1.50 C·cm^{-2}、1.28 C·cm^{-2}、0.97 C·cm^{-2} 和 0.69 C·cm^{-2}。G$_{PF}$/Ni-600s 的倍率性能为 46.2%。

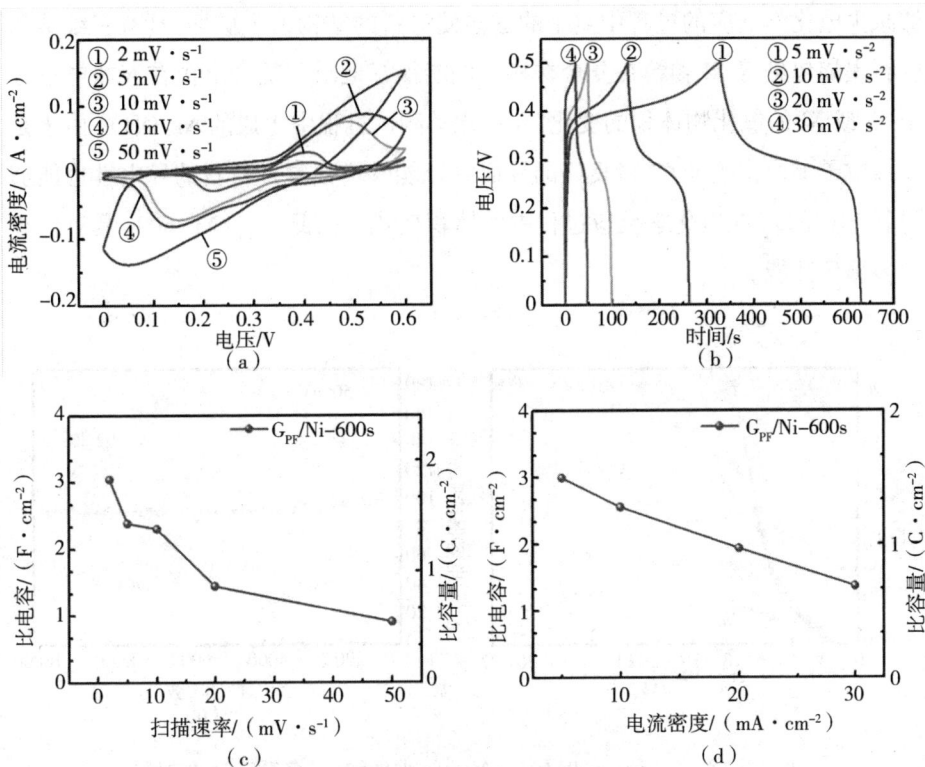

图 10-17　G$_{PF}$/Ni-600s 的电化学测试结果

(a)CV 测试曲线;(b)GCD 测试曲线;(c)CV 曲线计算出的比电容和比容量;
(d)GCD 曲线计算出的比电容和比容量

　　用 EIS 进一步描述了 G$_{PF}$/Ni-600s 的电化学性能如图 10-18(a)中 Nyquist 曲线所示。测试频率在 0.1~10000 Hz 之间,频率幅度为 5 mV。G$_{PF}$/Ni-600s 的直线斜率大约为 110°,表明离子扩散阻力小,在电化学反应的过程中 G$_{PF}$/Ni-600s 在进行氧化还原反应时电子传输和离子扩散的速度很快。G$_{PF}$/Ni-600s 的 Nyquist 曲线中半圆直径很小,意味着具有较小的电荷转移电阻。G$_{PF}$/Ni-600s 的半圆与 x 轴交点的截距为 1.65 Ω,代表材料本征电阻和溶液电阻。图 10-18

(b)为在扫速为 50 mV·s⁻¹ 时,G$_{PF}$/Ni-600s 经历 10000 次循环测试后,电容保持率为 92.3%,说明 G$_{PF}$/Ni-600s 具有优异的多循环稳定性。其优异的多循环稳定性来自于 SPS 烧结的过程中熔融态的 Ni 搭接成十分坚固的多孔结构,后经过电化学腐蚀,复合电极成为具有三维立体多孔的电极,这种坚固的结构能够减少电化学反应的过程中离子的运输使材料的结构发生破坏;具有三维结构的石墨烯包裹着 Ni 颗粒在复合材料中也能很好地限制复合电极在充放电过程中 Ni 或 Ni 的氧化物体积的变化;在电化学测试过程中生成的 Ni(OH)₂ 由于是在镍粒子上原位生长,二者良好的界面结合能够增强复合材料的导电性也能够限制 Ni(OH)₂ 在电化学反应过程中的体积变化。因此,G$_{PF}$/Ni-600s 具有优异的多循环性能。

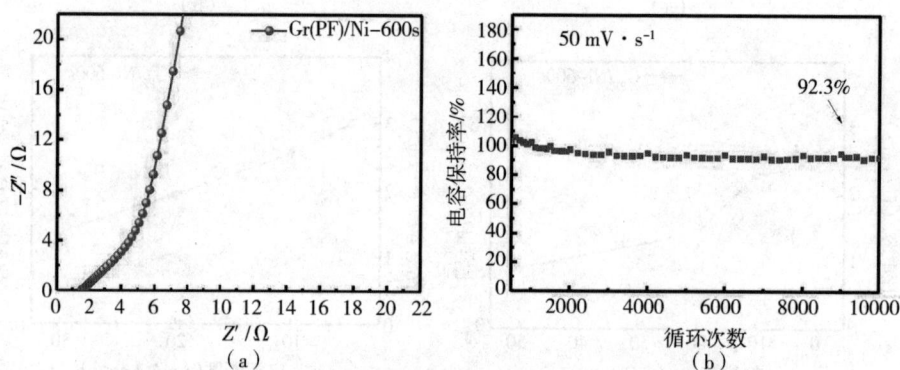

图 10-18 G$_{PF}$/Ni-600s 的(a)Nyquist 曲线和(b)多循环测试曲线

10.4 本章小结

本章提出了利用电化学腐蚀和电化学反应的方法制备 Ni(OH)₂@ G/Ni 的方案,并对电极材料的组织结构和电化学性能进行了表征和测试,主要结论如下:

(1)用五种碳源利用自蔓延燃烧合成法分别制备出具有不同形貌和微观结构的少层石墨烯。利用自蔓延燃烧合成法合成出石墨烯,为生物质废料和高分子废料的资源利用提供了一种有效可行的方案。

(2)通过球磨、SPS 烧结和线切割制备了以 $CaCO_3$、PVC、CPVC 和 PF 为碳源的 $Ni(OH)_2$@G/Ni 一体化电极,研究了新型集流体的微观结构和电化学性能。G/Ni 复合材料腐蚀成集流体后,石墨烯片层在腐蚀掉表面的镍后暴露出来,腐蚀后形成多孔结构,有利于提高材料的电化学性能。四种集流体中 G_{PF}/Ni-30s 表现出最优异的电化学性能,$2~mV \cdot s^{-1}$ 的条件下比电容达到 $0.093~F \cdot cm^{-2}$。

(3)利用电化学腐蚀方法将 G/Ni 复合材料制备成 $Ni(OH)_2$@G/Ni 一体化电极,研究了电化学腐蚀时间对 $Ni(OH)_2$@G/Ni 一体化电极的微观形貌、结构和电化学性能的影响。一体化电极中镍颗粒的表面原位包裹着一层薄纱状 α-$Ni(OH)_2$,这种原位生成的三维多孔无粘结剂的一体化电极有利于电子的输运和导电性的增强。随着腐蚀时间的延长,电极材料的比电容逐渐增加;腐蚀 600 s 后,比电容趋于稳定。同时可以看出,利用 PF 为碳源制备的 $Ni(OH)_2$@G/Ni 一体化电极的比电容最高,腐蚀 600 s 后在 $2~mV \cdot s^{-1}$ 的条件下,比电容达到 $3.04~F \cdot cm^{-2}$($1.83~C \cdot cm^{-2}$)。经过 10000 个循环过后,电容保持率为 92.3%。

参考文献

[1] WANG Y, WANG M Y, ZHANG Z S, et al. Phthalocyanine precursors to construct atomically dispersed iron electrocatalysts[J]. ACS Catalysis, 2019, 9(7):6252-6261.

[2] WANG Y, JIANG Z, ZHANG X, et al. Metal phthalocyanine derived single-atom catalysts for selective CO_2 electroreduction under high current densities[J]. ACS Applied Materials and Interfaces, 2020, 12(30):33795-33802.

[3] ZHANG X, WANG Y, GU M, et al. Molecular engineering of dispersed nickel phthalocyanines on carbon nanotubes for selective CO_2 reduction[J]. Nature Energy, 2020, 5(9):684-692.

[4] JIANG Z, WANG Y, ZHANG X, et al. Revealing the hidden performance of metal phthalocyanines for CO_2 reduction electrocatalysis by hybridization with carbon nanotubes[J]. Nano Research, 2019, 12:2330-2334.

[5] WANG Y, WANG L D, WEI B, et al. Electrodeposited nickel cobalt sulfide nanosheet arrays on 3D-graphene/Ni foam for high-performance supercapacitors[J]. RSC Advancesances, 2015, 5:100106-100113.

[6] WEI B, WANG L D, MIAO Q H, et al. Fabrication of manganese oxide/three-dimensional reduced graphene oxide composites as the supercapacitors by a reverse microemulsion method[J]. Carbon, 2015, 85:249-260.

[7] WEI B, WANG L D, WANG Y, et al. In situ growth of manganese oxide on 3D graphene by a reverse microemulsion method for supercapacitors[J]. Journal of Power Sources, 2016, 307:129-137.

[8] WANG L D, WEI B, DONG P, et al. Large-scale synthesis of few-layer gra-

phene from magnesium and different carbon sources and its application in dye-sensitized solar cells[J]. Materials and Design, 2016, 92:462-470 .

[9]MIAO Q H, WANG L D, LIU Z Y, et al. Magnetic properties of N-doped graphene with high curie temperature[J]. Scientific Reports, 2016, 6(1):21832.

[10]FENG Q, YUAN X Z, LIU G Y, et al. A review of proton exchange membrane water electrolysis on degradation mechanisms and mitigation strategies [J]. Journal of Power Sources, 2017, 366(31):33-55.

[11]YUAN Y N, LIU Z Y, WEI B, et al. Effects of high-shear mixing and the graphene oxide weight fraction on the electrochemical properties of the $GO/Ni(OH)_2$ electrode[J]. Dalton Transactions, 2020, 49(6):1752-1764.

[12]YUAN Y N, JIA H N, LIU Z Y, et al. A highly conductive $Ni(OH)_2$ nanosheet wrapped $CuCo_2S_4$ nano-tube electrode with a core-shell structure toward high performance supercapacitor [J]. Dalton Transactions: An International Journal of Inorganic Chemistry, 2021, 50(24):8476-8486.

[13]LIANG Y Y, LI Y G, WANG H L, et al. Strongly coupled lnorganic/nanocarbon hybrid materials for advanced electrocatalysis[J]. Journal of the American Chemical Society, 2013, 135(6):2013-2036.

[14]SEH Z W, KIBSGAARD J, DICKENS C F, et al. Combining theory and experiment in electrocatalysis:Insights into materials design[J]. Science, 2017, 355(6321):4998.

[15]SHAO M H, CHANG Q W, DODELET J P, et al. Recent advances in electrocatalysts for oxygen reduction reaction [J]. Chemical Reviews, 2016, 116(6):3594-3657.

[16]TAN P, CHEN B, XU H R, et al. Flexible Zn-and Li-air batteries:Recent advances, challenges, and future perspectives[J]. Energy and Environmental Science, 2017, 10(10):2056-2080.

[17]KIBRIA M G, EDWARDS J P, GABARDO C M, et al. Electrochemical CO_2 reduction into chemical feedstocks:From mechanistic electrocatalysis models to system design[J]. Advanced Materials, 2019, 31(31):1807166.

[18]ZHANG J, ZHANG Q Y, FENG X L. Support and interface effects in water-

splitting electrocatalysts[J]. Advanced Materials, 2019, 31(31):1808167.

[19]GEWIRTH A A, VARNELL J A, DIASCRO A M. Nonprecious metal catalysts for oxygen reduction in heterogeneous aqueous systems[J]. Chemical Reviews, 2018, 118(5):2313-2339.

[20]LI Y G, LU J. Metal-air batteries:will they be the future electrochemical energy storage device of choice? [J]. ACS Energy Letters, 2017, 2(6): 1370-1377.

[21]KULKARNI A, SIAHROSTAMI S, PATEL A, et al. Understanding catalytic activity trends in the oxygen reduction reaction[J]. Chemical Reviews, 2018, 118(5):2302-2312.

[22]XIA W, MAHMOOD A, LIANG Z B, et al. Earth-abundant nanomaterials for oxygen reduction [J]. Angewandte Chemie International Edition, 2016, 55 (8):2650-2676.

[23]JIANG Y Y, NI P J, CHEN C X, et al. Selective electrochemical H_2O_2 production through two-electron oxygen electrochemistry[J]. Advanced Energy Materials, 2018, 8(31):1801909.

[24]YANG S, VERDAGUER-CASADEVALL A, ARNARSON L, et al. Toward the decentralized electrochemical production of H_2O_2:A focus on the catalysis [J]. ACS Catalysis, 2018, 8(5):4064-4081.

[25]JIA Y, YAO X D. Atom-coordinated structure triggers selective H_2O_2 production[J]. Chem, 2020, 6(3):548-550.

[26]KUHL K P, HATSUKADE T, CAVE E R, et al. Electrocatalytic conversion of carbon dioxide to methane and methanol on transition metal surfaces[J]. Journal of the American Chemical Society, 2014, 136(40):14107-14113.

[27]WAN X J, HUANG Y, CHEN Y S. Focusing on energy and optoelectronic applications:A journey for graphene and graphene oxide at large scale[J]. Accounts of Chemical Research, 2012, 45(4):598-607.

[28]LIANG H W, WEI W, WU Z S, et al. Mesoporous metal-nitrogen-doped carbon electrocatalysts for highly efficient oxygen reduction reaction[J]. Journal of the American Chemical Society, 2013, 135(43):16002-16005.

[29] SA Y J, SEO D J, WOO J, et al. A general approach to preferential formation of active Fe−N$_x$ sites in Fe−N/C electrocatalysts for efficient oxygen reduction reaction[J]. Journal of American Chemical Society, 2016, 138(45): 15046−15056.

[30] MUN Y, LEE S, KIM K, et al. Versatile strategy for tuning ORR activity of a single Fe−N$_4$ site by controlling electron−withdrawing/donating properties of a carbon plane[J]. Journal of the American Chemical Society, 2019, 141(15): 6254−6262.

[31] ARESTA M, DIBENEDETTO A, ANGELINI A. Catalysis for the valorization of exhaust carbon: From CO_2 to chemicals, materials, and fuels. technological use of CO_2[J]. Chemical Reviews, 2014, 114(3):1709−1742.

[32] WU J J, SHARIFI T, GAO Y, et al. Emerging carbon−based heterogeneous catalysts for electrochemical reduction of carbon dioxide into value−added chemicals[J]. Advanced Materials, 2019, 31(13):1804257.

[33] WU Y S, JIANG Z, LU X, et al. Domino electroreduction of CO_2 to methanol on a molecular catalyst[J]. Nature, 2019, 575(7784):639−642.

[34] DINH C T, BURDYNY T, KIBRIA M G, et al. CO_2 electroreduction to ethylene via hydroxide−mediated copper catalysis at an abrupt interface[J]. Science, 2018, 360(6390):783−787.

[35] MONTOYA J H, PETERSON A A, NORSKOV J K. Insights into C—C coupling in CO_2 electroreduction on copper electrodes[J]. ChemCatChem, 2013, 5(3):737−742.

[36] PETERSON A A, ABILD−PEDERSEN F, STUDT F, et al. How copper catalyzes the electroreduction of carbon dioxide into hydrocarbon fuels[J]. Energyand Environmental Science, 2010, 3(9):1311−1315.

[37] GONG K, DU F, XIA Z H, et al. Nitrogen−doped carbon nanotube arrays with high electrocatalytic activity for oxygen reduction[J]. Science, 2009, 323(5915):760−764.

[38] BANHAM D, YE S Y. Current status and future development of catalyst materials and catalyst layers for proton exchange membrane fuel cells: An industrial

perspective[J]. ACS Energy Letters, 2017, 2(3):629-638.

[39]TIAN X L, ZHAO X, SU Y Q, et al. Engineering bunched Pt-Ni alloy nano-cages for efficient oxygen reduction in practical fuel cells[J]. Science, 2019, 366(6467):850-856.

[40]SIAHROSTAMI S, VERDAGUER-CASADEVALL A, KARAMAD M, et al. Enabling direct H_2O_2 production through rational electrocatalyst design[J]. Nature Materials, 2013, 12(12):1137-1143.

[41]VERMA S, HAMASAKI Y, KIM C, et al. Insights into the low overpotential electroreduction of CO_2 to CO on a supported gold catalyst in an alkaline flow e-lectrolyzer[J]. ACS Energy Letters, 2018, 3(1):193-198.

[42]ZHANG Z Y, CHI K, XIAO F, et al. Advanced solid-state asymmetric super-capacitors based on 3D graphene/MnO_2 and graphene/polypyrrole hybrid archi-tectures[J]. Journal of Materials Chemistry A, 2015, 3(24):12828-12835.

[43] ZHANG L L, ZHAO X S. Carbon-based materials as supercapacitor elec-trodes[J]. Chemical Society Reviews, 2009, 38(9):2520-2531.

[44]ZHANG X, ZHANG H T, LI C, et al. Recent advances in porous graphene materials for supercapacitor applications[J]. RSC Advances, 2014, 4(86): 45862-45884.

[45]ZHANG L L, GU Y, ZHAO X S. Advanced porous carbon electrodes for elec-trochemical capacitors[J]. Journal of Materials Chemistry A, 2013, 1(33): 9395-9408.

[46]SIMON P, GOGOTSI Y. Charge storage mechanism in nanoporous carbons and its consequence for electrical double layer capacitors[J]. Philosophical Trans-actions of the Royal Society A:Mathematical, Physical and Engineering Sci-ences, 2010, 368(1923):3457-3467.

[47]MILLER J R, BURKE A. Electrochemical capacitors:Challenges and opportu-nities for real-world applications[J]. The Electrochemical Society Interface, 2008, 17(1):53-57.

[48]WANG G, ZHANG L, ZHANG J J. A review of electrode materials for electro-chemical supercapacitors [J]. Chemical Society Reviews, 2012, 41 (2):

797-828.

[49]WANG Y G, XIA Y Y. Recent progress in supercapacitors: From materials design to system construction [J]. Advanced Materials, 2013, 25 (37): 5336-5342.

[50]ZHAI Y P, DOU Y Q, ZHAO D Y, et al. Carbon materials for chemical capacitive energy storage[J]. Advanced Materials, 2011, 23(42):4828-4850.

[51]PANDOLFO A G, HOLLENKAMP A F. Carbon properties and their role in supercapacitors[J]. Journal of Power Sources, 2006, 157(1):11-27.

[52]SNOOK G A, KAO P, BEST A S. Conducting-polymer-based supercapacitor devices and electrodes[J]. Journal of Power Sources, 2011, 196(1):1-12.

[53]GAO H C, XIAO F, CHING C B, et al. High-performance asymmetric supercapacitor based on graphene hydrogel and nanostructured MnO_2[J]. ACS Applied Materials Interfaces, 2012, 4(5):2801-2810.

[54]LIANG Y R, WU D C, FU R W. Preparation and electrochemical performance of novel ordered mesoporous carbon with an interconnected channel structure [J]. Langmuir, 2009, 25(14):7783-7785.

[55]HU C C, CHANG K H, LIN M C,et al. Design and tailoring of the nanotubular arrayed architecture of hydrous RuO_2 for next generation supercapacitors [J]. Nano Letters, 2006, 6(12):2690-2695.

[56]MEHER S K, JUSTIN P, RAO G R. Microwave-mediated synthesis for improved morphology and pseudocapacitance performance of nickel oxide[J]. ACS Applied Materialsand Interfaces, 2011, 3(6):2063-2073.

[57]KIM S I, LEE J S, AHN H J,et al. Facile route to an efficient NiO supercapacitor with a three-dimensional nanonetwork morphology[J]. ACS Applied Materials and Interfaces, 2013, 5(5):1596-1603.

[58]DEVARAJ S, MUNICHANDRAIAH N. Effect of crystallographic structure of MnO_2 on its electrochemical capacitance properties[J]. The Journal of Physical Chemistry C, 2008, 112(11):4406-4417.

[59]ZHAO X, SANCHEZ B M, DOBSON P J,et al. The role of nanomaterials in redox-based supercapacitors for next generation energy storage devices[J].

Nanoscale, 2011, 3(3):839-855.

[60]SIMON P, GOGOTSI Y. Materials for electrochemical capacitors[J]. Nature Materials, 2008, 7(11):845-854.

[61]SEVILLA M, MOKAYA R. Energy storage applications of activated carbons: Supercapacitors and hydrogen storage[J]. Energy and Environmental Science, 2014, 7(4):1250-1280.

[62]LI C F, YANG X Q, ZHANG G Q. Mesopore-dominant activated carbon aerogels with high surface area for electric double-layer capacitor application[J]. Materials Letters, 2015, 161:538-541.

[63]GAO S, WANG K, DU Z L, et al. High power density electric double-layer capacitor based on a porous multi-walled carbon nanotube microsphere as a local electrolyte micro-reservoir[J]. Carbon, 2015, 92:254-261.

[64]WILSON B E, HE S, BUFFINGTON K, et al. Utilizing ionic liquids for controlled N-doping in hard-templated, mesoporous carbon electrodes for high-performance electrochemical double-layer capacitors[J]. Journal of Power Sources, 2015, 298:193-202.

[65]LIU Y, ZHOU J Y, CHEN L L, et al. Highly flexible freestanding porous carbon nanofibers for electrodes materials of high-performance all-carbon supercapacitors[J]. ACS Applied Materials and Interfaces, 2015, 7(42):23515-23520.

[66]YUAN K, WANG P G, HU T, et al. Nanofibrous and graphene-templated conjugated microporous polymer materials for flexible chemosensors and supercapacitors[J]. Chemistry of Materials, 2015, 27(21):7403-7411.

[67]INAGAKI M. Pores in carbon materials—Importance of their control[J], New Carbon Materials, 2009, 24(3):193-232.

[68]FANG B, WEI Y Z, MARUYAMA K, et al. High capacity supercapacitors based on modified activated carbon aerogel[J]. Journal of Applied Electrochemistry, 2005, 35:229-233.

[69]REDDY R N, REDDY R G. Sol-gel MnO_2 as an electrode material for electrochemical capacitors[J]. Journal of Power Sources, 2003, 124(1):330-337.

[70]THACKERAY M M. Manganese oxides for lithium batteries[J]. Progress in Solid State Chemistry, 1997, 25(1-2):1-71.

[71]WOLFF P M D. Interpretation of some $\gamma-MnO_2$ diffraction patterns[J]. Acta Crystallographica, 1959, 12(4):341-345.

[72]MA R, BANDO Y, ZHANG L, et al. Layered MnO_2 nanobelts: Hydrothermal synthesis and electrochemical measurements[J]. Advanced Materials, 2004, 16(11):918-922.

[73]HUNTER J C. Preparation of a new crystal form of manganese dioxide: $\alpha-MnO_2$[J]. Journal of Solid State Chemistry, 1981, 39(2):142-147.

[74]BEAUDROUET E, LE GAL LA SALLE A, GUYOMARD D. Nanostructured manganese dioxides: Synthesis and properties as supercapacitor electrode materials[J]. Electrochimica Acta, 2009, 54(4):1240-1248.

[75]BABAKHANI B, IVEY D G I. Anodic deposition of manganese oxide electrodes with rod-like structures for application as electrochemical capacitors[J]. Journal of Power Sources, 2010, 195(7):2110-2117.

[76]WU M S, CHIANG P C J, LEE J T, et al. Synthesis of manganese oxide electrodes with interconnected nanowire structure as an anode material for rechargeable lithium ion batteries[J]. The Journal of Physical Chemistry B, 2005, 109(49):23279-23284.

[77]LI X S, CAI W W, COLOMBO L, et al. Evolution of graphene growth on Ni and Cu by carbon isotope labeling [J]. Nano Letters, 2009, 9(12): 4268-4272.

[78]SHARMA R K, OH H S, SHUL Y G, et al. Carbon-supported, nano-structured, manganese oxide composite electrode for electrochemical supercapacitor[J]. Journal of Power Sources, 2007, 173(2):1024-1028.

[79]STOLLER M D, PARK S, ZHU Y W, et al. Graphene-based ultracapacitors[J]. Nano Letters, 2008, 8(10):3498-3502.

[80]XU Y X, SHENG K X, LI C, et al. Self-assembled graphene hydrogel *via* a one-step hydrothermal process[J]. ACS Nano, 2010, 4(7):4324-4330.

[81]DONG X C, XU H, WANG X W, et al. 3D graphene-cobalt oxide electrode

for high‐performance supercapacitor and enzymeless glucose detection[J]. ACS Nano, 2012, 6(4):3206-3213.

[82]LIU Z P, MA R Z, EBINA Y, et al. Synthesis and delamination of layered manganese oxide nanobelts[J]. Chemistry of Materials, 2007, 19(26):6504-6512.

[83]ZHANG L C, KANG L P, LU H, et al. Controllable synthesis, characterization, and electrochemical properties of manganese oxide nanoarchitectures[J]. Journal of Materials Research, 2011, 23(3):780-789.

[84]GUND G S, DUBAL D P, JAMBURE S B, et al. Temperature influence on morphological progress of Ni(OH)$_2$ thin films and its subsequent effect on electrochemical supercapacitive properties[J]. Journal of Materials Chemistry A, 2013, 1(15):4793-4803.

[85]ZHANG Y, ZHAO Y F, AN W D, et al. Heteroelement Y-dopedα-Ni(OH)$_2$ nanosheets with excellent pseudocapacitive performance[J]. Journal of Materials Chemistry A, 2017, 5(20):10039-10047.

[86]CHOI B G, YANG M, HONG W H, et al. 3D macroporous graphene frameworks for supercapacitors with high energy and power densities[J]. ACS Nano, 2012, 6(5):4020-4028.

[87]XIANG G T, YIN J M, QU G M, et al. Construction of ZnCo$_2$S$_4$@Ni(OH)$_2$ core‐shell nanostructures for asymmetric supercapacitors with high energy densities[J]. Inorganic Chemistry Frontiers, 2019, 6(8):2135-2141.

[88]ZHANG Y, XU J, ZHANG Y J, et al. Facile fabrication of flower-like Cu-Co$_2$S$_4$ on Ni foam for supercapacitor application[J]. Journal of Materials Science, 2017, 52:9531-9538.

[89]KATE R S, KHALATE S A, DEOKATE R J. Overview of nanostructured metal oxides and pure nickel oxide(NiO) electrodes for supercapacitors:A review [J]. Journal of Alloys and Compounds, 2018, 734:89-111.

[90]ZANG X X, SUN C C, DAI Z Y, et al. Nickel hydroxide nanosheets supported on reduced graphene oxide for high-performance supercapacitors[J]. Journal of Alloys and Compounds, 2017, 691:144-150.

[91]HU Q Q, GU Z X, ZHENG X T, et al. Three-dimensional Co_3O_4@ NiO hierarchical nanowire arrays for solid-state symmetric supercapacitor with enhanced electrochemical performances[J]. Chemical Engineering Journal, 2016, 304: 223-231.

[92]YANG H L, XU H H, LI M, et al. Assembly of NiO/Ni(OH)$_2$/PEDOT nanocomposites on contra wires for fiber-shaped flexible asymmetric supercapacitors[J]. Acs Applied Materials and Interfaces, 2016, 8(3):1774-1779.

[93]QIU K W, LU M, LUO Y S, et al. Engineering hierarchical nanotrees with $CuCo_2O_4$ trunks and NiO branches for high-performance supercapacitors[J]. Journal of Materials Chemistry A, 2017, 5(12):5820-5828.

[94]OUYANG Y, XIA X F, YE H T, et al. Three-dimensional hierarchical structure ZnO@ C@ NiO on carbon cloth for asymmetric supercapacitor with enhanced cycle stability[J]. ACS Applied Materials and Interfaces, 2018, 10 (4):3549-3561.

[95]EDE S R, ANANTHARAJ S, KUMARAN K T, et al. One step synthesis of Ni/Ni(OH)$_2$ nano sheets(NSs) and their application in asymmetric supercapacitors[J]. RSC Advances, 2017, 7(10):5898-5911.

[96]CHAI H, PENG X, LIU T, et al. High-performance supercapacitors based on conductive graphene combined with Ni(OH)$_2$ nanoflakes[J]. RSC Advances, 2017, 7(58):36617-36622.

[97]HO K C, LIN L Y. A review of electrode materials based on core-shell nanostructures for electrochemical supercapacitors[J]. Journal of Materials Chemistry A, 2019, 7(8):3516-3530.

[98]ZHOU C, LIN L N, MA Y Z, et al. Fabrication of amorphous mesoporous Ni(OH)$_2$ hollow spheres with waxberry-like morphology for supercapacitor electrodes[J]. ChemElectroChem, 2017, 4(9):2314-2320.

[99]LI L, TAN L, LI G N, et al. Self-templated synthesis of porous Ni(OH)$_2$ nanocube and its high electrochemical performance for supercapacitor [J]. Langmuir, 2017, 33(43):12087-12094.

[100]ZHANG X Y, WANG H S, SHUI L L, et al. Ultrathin Ni(OH)$_2$ layer cou-

pling with graphene for fast electron/ion transport in supercapacitor[J]. Science China-Materials, 2021, 64(2):339-348.

[101]QU R J, TANG S H, QIN X L, et al. Expanded graphite supported Ni(OH)$_2$ composites for high performance supercapacitors[J]. Journal of Alloys and Compounds, 2017, 728:222-230.

[102]GUO Q F, YUAN J Z, TANG Y B, et al. Self-assembled PANI/CeO$_2$/Ni (OH)$_2$ hierarchical hybrid spheres with improved energy storage capacity for high - performance supercapacitors [J]. Electrochimica Acta, 2021, 367:137525.

[103]QIU H R, AN S L, SUN X J, et al. MWCNTs-GONRs/Co$_3$O$_4$@Ni(OH)$_2$ core-shell array structure with a high performance electrode for supercapacitor [J]. Chemical Engineering Journal, 2020, 380:122490.

[104]ZHU F F, YAN M, LIU Y, et al. Hexagonal prism-like hierarchical Co$_9$S$_8$ @Ni(OH)$_2$ core - shell nanotubes on carbon fibers for high - performance asymmetric supercapacitors[J]. Journal of Materials Chemistry A, 2017, 5 (43):22782-22789.

[105]LIANG W J, WANG S L, ZHANG Y X, et al. Beta-Ni(OH)$_2$ nanosheets coating on 3D flower-like α-Ni(OH)$_2$ as high-performance electrodes for asymmetric supercapacitor and Ni/MH battery [J]. Journal of Alloys and Compounds, 2020, 849:156616.

[106]LI H B, XIAO G F, ZENG H Y, et al. Supercapacitor based on the CuCo$_2$S$_4$ @NiCoAl hydrotalcite array on Ni foam with high-performance[J]. Electrochimica Acta, 2020, 352:136500.

[107]LU Y, YU L, WU M H, et al. Construction of complex Co$_3$O$_4$@Co$_3$V$_2$O$_8$ hollow structures from metal-organic frameworks with enhanced lithium storage properties[J]. Advanced Materials, 2018, 30(1):1702875.

[108]ZHANG Y B, WANG B, LIU F, et al. Full synergistic contribution of electrodeposited three-dimensional NiCo$_2$O$_4$@MnO$_2$ nanosheet networks electrode for asymmetric supercapacitors[J]. Nano Energy, 2016, 27:627-637.

[109]CHENG S Y, SHI T L, CHEN C, et al. Construction of porous CuCo$_2$S$_4$

nanorod arrays via anion exchange for high-performance asymmetric superca-pacitor[J]. Scientific Reports, 2017, 7(1):6681.

[110]TANG J H, GE Y C, SHEN J F, et al. Facile synthesis of $CuCo_2S_4$ as a no-vel electrode material for ultrahigh supercapacitor performance[J]. Chemical Communications, 2016, 52(7):1509-1512.

[111]DINH C T, GARCÍA DE ARQUER F P, SINTON D, et al. High rate, selec-tive, and stable electroreduction of CO_2 to CO in basic and neutral media[J]. ACS Energy Letters, 2018, 3(11):2835-2840.

[112]WANG Q, SHANG L, SHI R, et al. NiFe layered double hydroxide nanopar-ticles on Co, N-codoped carbon nanoframes as efficient bifunctional catalysts for rechargeable zinc-air batteries[J]. Advanced Energy Materials, 2017, 7 (21):1700467.

[113]LIANG Y Y, WANG H L, ZHOU J G, et al. Covalent hybrid of spinel man-ganese-cobalt oxide and graphene as advanced oxygen reduction electrocata-lysts [J]. Journal of the American Chemical Society, 2012, 134 (7): 3517-3523.

[114]LIANG Y Y, WANG H L, DIAO P, et al. Oxygen reduction electrocatalyst based on strongly coupled cobalt oxide nanocrystals and carbon nanotubes [J]. Journal of the American Chemical Society, 2012, 134 (38): 15849-15857.

[115]LIANG Y Y, LI Y G, WANG H L, et al. Co_3O_4 nanocrystals on graphene as a synergistic catalyst for oxygen reduction reaction[J]. Nature Materials, 2011, 10(10):780-786.

[116]WANG M Q, LI Z Q, WANG C X, et al. Novel core-shell $FeOF/Ni(OH)_2$ hierarchical nanostructure for all-solid-state flexible supercapacitors with en-hanced performance [J]. Advanced Functional Materials, 2017, 27 (31):1701014.

[117]SHENG H Y, HERMES E D, YANG X H, et al. Electrocatalytic production of H_2O_2 by selective oxygen reduction using earth-abundant cobalt pyrite (CoS_2)[J]. ACS Catalysis, 2019, 9(9):8433-8442.

[118]WANG L M, CHEN W L, ZHANG D D, et al. Surface strategies for catalytic CO_2 reduction:From two-dimensional materials to nanoclusters to single atoms [J]. Chemical Society Reviews, 2019, 48(21):5310-5349.

[119]ZHENG X L, DE LUNA P, DE ARQUER F P G, et al. Sulfur-modulated tin sites enable highly selective electrochemical reduction of CO_2 to formate [J]. Joule, 2017, 1(4):794-805.

[120]MA W C, XIE S J, LIU T T, et al. Electrocatalytic reduction of CO_2 to ethylene and ethanol through hydrogen-assisted C—C coupling over fluorine-modified copper[J]. Nature Catalysis, 2020, 3(6):478-487.

[121]SA Y J, KIM J H, JOO S H, et al. Active edge-site-rich carbon nanocatalysts with enhanced electron transfer for efficient electrochemical hydrogen peroxide production[J]. Angewandte Chemie International Edition, 2019, 58 (4):1100-1105.

[122]CHEN S C, CHEN Z H, SIAHROSTAMI S, et al. Designing boron nitride islands in carbon materials for efficient electrochemical synthesis of hydrogen peroxide[J]. Journal of the American Chemical Society, 2018, 140(25): 7851-7859.

[123]LU Z Y, CHEN G X, SIAHROSTAMI S, et al. High-efficiency oxygen reduction to hydrogen peroxide catalysed by oxidized carbon materials[J]. Nature Catalysis, 2018, 1(2):156-162.

[124]KIM H W, ROSS M B, KORNIENKO N, et al. Efficient hydrogen peroxide generation using reduced graphene oxide-based oxygen reduction electrocatalysts[J]. Nature Catalysis, 2018, 1(4):282-290.

[125] XIA C, XIA Y, ZHU P, et al. Direct electrosynthesis of pure aqueous H_2O_2 solutions up to 20% by weight using a solid electrolyte[J]. Science, 2019, 366(6462):226-231.

[126] LUM Y, KWON Y, LOBACCARO P, et al. Trace levels of copper in carbon materials show significant electrochemical CO_2 reduction activity[J]. Acs Catalysis, 2016, 6(1):202-209.

[127]WU J J, LIU M J, SHARMA P P, et al. Incorporation of nitrogen defects for

efficient reduction of CO_2 via two-electron pathway on three-dimensional graphene foam[J]. Nano Letters, 2016, 16(1):466-470.

[128]FEI H L, DONG J C, CHEN D L, et al. Single atom electrocatalysts supported on graphene or graphene-like carbons[J]. Chemical Society Reviews, 2019, 48(20):5207-5241.

[129]JIANG K, BACK S, AKEY A J, et al. Highly selective oxygen reduction to hydrogen peroxide on transition metal single atom coordination[J]. Nature Communications, 2019, 10(1):3997.

[130]WU J, ZHOU H, LI Q, et al. Densely populated isolated single Co—N site for efficient oxygen electrocatalysis[J]. Advanced Energy Materials, 2019, 9(22):1900149.

[131]JUNG E, SHIN H, LEE B H, et al. Atomic-level tuning of Co—N—C catalyst for high-performance electrochemical H_2O_2 production[J]. Nature Materials, 2020, 19(4):436-442.

[132]GAO J J, YANG H B, HUANG X, et al. Enabling direct H_2O_2 production in acidic media through rational design of transition metal single atom catalyst [J]. Chem, 2020, 6(3):658-674.

[133]LIU C, YU Z X, SHE F X, et al. Heterogeneous molecular Co—N—C catalysts for efficient electrochemical H_2O_2 synthesis[J]. Energy and Environmental Science, 2023, 16(2):446-459.

[134]LEE K, LIM J, LEE M J, et al. Structure-controlled graphene electrocatalysts for high-performance H_2O_2 production[J]. Energy and Environmental Science, 2022, 15(7):2858-2866.

[135]LIM J S, KIM J H, WOO J, et al. Designing highly active nanoporous carbon H_2O_2 production electrocatalysts through active site identification[J]. Chem, 2021, 7(11):3114-3130.